江西理工大学清江学术文库

高硫冶炼烟气中
脱汞材料的制备与应用

刘志楼　刘　恢　著

扫描二维码获取
本书彩图资源

北　京
冶 金 工 业 出 版 社
2020

内 容 简 介

本书结合中南大学国家重金属污染防治工程技术研究中心和江西理工大学绿色冶金与过程强化研究所在高硫冶炼烟气脱汞领域的研究工作，从吸附和催化两个角度详细介绍了硒基吸附剂、纳米金属硫化物、磁性硒硫铁复合材料、铜多硫化合物炭材料、铜基催化剂 $CuAlO_2$、$Pd-CuCl_2$ 催化剂、钴硫化物复合炭催化剂等功能材料的制备和脱汞性能，并阐述了高硫气氛下单质汞选择吸附和催化氧化的机制。

本书可供有色金属冶炼、环境保护等工程领域的研究人员、高等院校专业师生使用，也可为功能材料制备、资源循环利用等领域的研究提供一定依据与参考。

图书在版编目（CIP）数据

高硫冶炼烟气中脱汞材料的制备与应用/刘志楼，刘恢著 . —
北京：冶金工业出版社，2020. 12
ISBN 978-7-5024-8248-0

Ⅰ . ①高… Ⅱ . ①刘… ②刘… Ⅲ . ①有色金属冶金—
烟气脱硫—汞—废气处理—研究 Ⅳ . ①X701. 7

中国版本图书馆 CIP 数据核字（2020）第 251615 号

出 版 人 苏长永
地 址 北京市东城区嵩祝院北巷 39 号 邮编 100009 电话 （010）64027926
网 址 www.cnmip.com.cn 电子信箱 yjcbs@cnmip. com. cn
责任编辑 王 双 美术编辑 郑小利 版式设计 禹 蕊
责任校对 郭惠兰 责任印制 禹 蕊
ISBN 978-7-5024-8248-0
冶金工业出版社出版发行；各地新华书店经销；三河市双峰印刷装订有限公司印刷
2020 年 12 月第 1 版，2020 年 12 月第 1 次印刷
169mm×239mm；12 印张；232 千字；180 页
72. 00 元
冶金工业出版社 投稿电话 （010）64027932 投稿信箱 tougao@cnmip. com. cn
冶金工业出版社营销中心 电话 （010）64044283 传真 （010）64027893
冶金工业出版社天猫旗舰店 yjgycbs. tmall. com
（本书如有印装质量问题，本社营销中心负责退换）

前　言

　　汞是一种具有高毒性、高生物累积性、长距离迁移性的重金属污染物，可对人体健康和生态环境造成严重的危害。2013 年，包括中国在内的 92 个国家和地区在联合国签署了《关于汞的水俣公约》，是全球汞污染控制的里程碑。随着我国加入全球性的《关于汞的水俣公约》，如何降低大气汞污染排放已经成为有色金属冶炼行业可持续发展的基本条件之一。

　　自然界中汞常以硫锑汞矿（$HgSb_4S_8$）、朱砂（HgS）或氯硫汞矿（$Hg_3S_2Cl_2$）等形式赋存于闪锌矿、方铅矿、黄铁矿等硫化矿物中。由于有色金属冶炼的主要矿物为硫化矿，这导致了有色金属冶炼精矿中汞的含量远高于其他矿物和化石燃料，特别是铜铅锌重金属硫化矿，如我国锌精矿中汞的平均含量是燃煤的十几倍。中国是有色金属生产的大国，以典型铜铅锌冶炼为例，2015 年中国精炼铜产量达到 796.2 万吨，锌产量为 615.4 万吨，铅产量为 385.9 万吨，总量占世界的 40% 以上。高汞含量和巨大的产量导致了有色金属冶炼行业成为我国大气汞污染排放的主要来源之一。

　　有色金属冶炼烟气中汞的存在形态主要有 3 种：颗粒态汞（Hg^p）、氧化态汞（Hg^{2+}）和单质态汞（Hg^0）。目前我国有色金属冶炼行业主要采用协同脱汞工艺，即余热回收+电除尘+湿法洗涤+电除雾+转化吸收制酸+湿法脱硫工艺。烟气收尘过程可以协同脱除烟气中 Hg^p，湿法洗涤过程可协同脱除烟气中 Hg^{2+}，而烟气协同处置过程对 Hg^0 脱除效率不高，导致烟气中大部分 Hg^0 进入硫酸产品，部分汞直接排放到大气中。因此，控制冶炼烟气中 Hg^0 的排放成为降低有色金属冶炼行业汞污染的关键。

常规的烟气中 Hg^0 的净化方法可分为冷凝法、吸附法、催化氧化法、液相吸收法 4 种。与传统的冷凝法和液相吸收法相比，固相吸附法和催化氧化法具有投资低、Hg^0 脱除效率高、易二次处理等优点，已经在燃煤、水泥等行业烟气中汞的污染控制中广泛应用。有色金属冶炼烟气还原气氛强，烟气中 Hg^0 浓度高，且烟气成分复杂，这些均导致传统的活性炭等吸附剂难以直接应用于有色金属冶炼行业。同时传统的金属氧化物催化剂在高浓度 SO_2 气氛下易中毒失活，导致其对冶炼烟气中汞的催化氧化效率不高。针对高硫冶炼烟气具有还原性气氛强、汞浓度高、成分复杂等特征，亟须开发新型高效的脱汞材料，实现高硫冶炼烟气中汞的选择性脱除，以降低冶炼烟气汞污染排放，促进有色金属冶炼绿色可持续发展。

本书从新型脱汞材料制备和应用两个角度出发，着重介绍单质硒、纳米金属硫化物、硒硫铁复合物、铜多硫化合物改性活性炭等新型汞吸附材料，同时也介绍 $CuAlO_2$、$Pd-CuCl_2$、Co_9S_9/NSC 等新型抗硫催化剂对 Hg^0 的催化氧化效果，从吸附和催化两个方面实现高硫冶炼烟气中 Hg^0 的高效控制。第 1 章介绍有色冶炼烟气汞污染控制技术研究现状；第 2 章介绍单质硒基吸附剂的制备和脱汞性能研究；第 3 章介绍纳米金属硫化物吸附剂脱汞性能及机制研究；第 4 章介绍磁性硒硫铁复合材料的制备和吸附剂脱汞性能研究；第 5 章介绍铜多硫化合物改性活性炭材料的制备和吸附脱汞性能研究；第 6 章介绍铜铁矿型铜基催化剂 $CuAlO_2$ 脱汞性能及其机理研究；第 7 章介绍 $Pd-CuCl_2$ 催化剂对冶炼高硫烟气中汞的催化氧化研究；第 8 章介绍钴硫化物复合生物质炭材料催化脱汞性能与机制研究。

本书主要由江西理工大学材料冶金化学学部的刘志楼和中南大学冶金与环境学院刘恢教授共同编著而成，江西理工大学徐志峰教授参与了书稿的校订工作，一些相关人员也给予了很多的帮助，其中中南大学张聪硕士参与了第 2 章部分实验设计、数据分析、图形绘制等工作，中南大学刘操和游志文参与了第 3 章部分实验设计、数据处理和部分编著工作，江西理工大学李子良硕士参与第 4 章部分内容的数据整理、图形绘制和部分编著工作，中南大学杨姝博士参与第 7 章部分数据整理、图形绘制和部分编著工作，江西理工大学谷丽果参与了部分文献收集和全书的格式编排工作，在此表示诚挚的感谢。在全书编写过程中，本书参考大量关于汞形态分析、吸附剂制备、汞吸附氧化及相关材料表征等的方面的相关文献和书籍，在此向有关作者表示诚挚的谢意。

　　本书可作为从事材料制备和冶金环境保护等相关领域的广大科技工作者和工程技术人员的参考书。由于作者水平有限，本书中如有不妥之处，恳请读者批评指正。

作　者

2020 年 5 月

目　　录

1 有色金属冶炼烟气汞污染
控制技术研究现状

有色金属冶金在人类发展的历史长河中发挥着巨大作用，已成为人类社会发展不可缺少的一部分。有色金属矿石中除有价金属外，通常还会伴生一定量的剧毒汞元素。在高温冶炼过程中，矿石中的汞大部分挥发进入烟气，并在后续处理过程中分散在废气、废水和废渣中，对生态环境的造成了巨大的危害。因此，开展有色金属冶炼烟气汞污染控制方面的研究具有重要意义。

1.1 汞的性质、用途和危害

1.1.1 汞的性质

汞的元素符号为 Hg，是元素周期表第六周期 IIB 族元素，原子序数为 80，相对原子质量为 200.59，密度为 $13.59g/cm^3$，熔点为 $-38.8℃$，沸点为 $365.7℃$。纯净的单质汞在室温下以液体形式存在，具有银白色金属光泽。汞的具体物理化学性质见表 1-1。

表 1-1 汞的物理化学性质

性质	密度（常温）/g·cm^{-3}	熔点/℃	沸点/℃	临界密度/g·cm^{-3}	黏度/mPa·s	表面张力/mN·m^{-1}
数值	13.59	-38.87	357	3.56	1.55	480

性质	饱和蒸气压/mmHg	熔化热/kJ·mol^{-1}	汽化热/kJ·mol^{-1}	临界压力/MPa	热导率/W·(m·K)$^{-1}$	电阻率/μΩ·cm
数值	0.0013	2.324	61.1	742.2	8.65	95.9

注：1mmHg=133.32Pa。

汞原子的 6s 轨道有收缩趋势，可形成稳定的惰性电子对，使单质汞具有较高的化学稳定性。一般条件下，汞不与酸和碱溶液反应，但可以溶解在浓硫酸、硝酸等氧化性酸中。汞易与除铁之外的几乎所有金属单质形成汞齐，如钠、金、钾、银、铜、锌等。汞具有较大的饱和蒸气压，在 30℃ 下气相中汞的饱和浓度可达 $30mg/m^3$，其饱和蒸气压随着温度的上升而快速增加，具体如图 1-1 所示，这个特性使常温下汞很容易挥发到气相中。

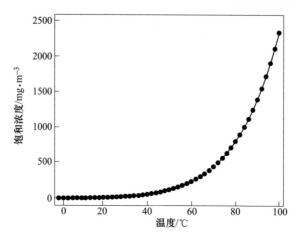

图 1-1 不同温度下气相中汞的饱和浓度

汞是一种微量元素，在地壳中的元素丰度为 $8×10^{-6}$%。汞在自然界主要以无机汞、有机汞和单质汞三种形式存在。由于单质汞具有易挥发和难溶解等特征，自然界中汞很难以金属汞的形式存在，其通常以气态 Hg^0 的形式存在于大气中，并通过大气环流在全球迁移。无机汞按汞的价态主要可分为亚汞盐和升汞盐两类。亚汞通常以二聚体 Hg_2^{2+} 的形式存在，其活泼性较强，易发生自氧化还原反应生成 Hg^0 和 Hg^{2+}，因此亚汞通常与卤素或类卤素等形成稳定的难溶解亚汞盐，如 Hg_2Cl_2、Hg_2Br_2、Hg_2I_2、$Hg_2(CN)_2$、$Hg_2(SCN)_2$ 等。汞离子很容易与卤素、类卤素、硫族等配体离子等形成稳定的化合物，如 $HgCl_2$、HgS、$HgSe$、$HgCN_2$ 等；在过量配合离子条件下也能形成多种的稳定配合物，如 $HgCl_4^{2-}$、$HgBr_4^{2-}$、HgI_4^{2-}、HgS_2^{2-} 等。表 1-2 所列为常见的无机汞盐在水溶液中的溶解度。从表中可以看出，卤化汞化合物在水溶液中的溶解度随着卤素原子序数的增加而降低。汞与含碳有机物结合可形成具有脂溶性的有机汞，最为常见的有甲基汞、烷基汞、苯基汞等。通常有机汞具有挥发性和水溶性，自然界的无机汞可以通过生物的新陈代谢或非生物的甲基化反应转化为剧毒的甲基汞，并在生物圈中传输富集，最终对生态造成严重的危害。

表 1-2 常见无机汞化合物的溶解度

化合物	$Hg_2(N)_3$	Hg_2Br_2	Hg_2CO_3	Hg_2Cl_2	$Hg_2(CN)_2$
溶解度	$2.73×10^{-2}$	$1.35×10^{-6}$	$4.35×10^{-7}$	$3.25×10^{-5}$	$2.27×10^{-12}$
化合物	Hg_2SO_4	$HgCl_2$	$HgBr_2$	HgI_2	HgS
溶解度	$4.28×10^{-2}$	6.57	0.56	$6×10^{-3}$	$2.94×10^{-25}$
化合物	$Hg(SCN)_2$	$Hg(CN)_2$	$Hg(IO_3)_2$	$HgSO_4·2H_2O$	$HgSe$
溶解度	$6.3×10^{-2}$	9.3	$2.37×10^{-3}$	$4.65×10^{-3}$	$8.94×10^{-23}$

按存在形态分类，汞在大气中的存在形态可分为元素态（Hg^0）、氧化态（Hg^{2+}）和颗粒态（Hg^p）三种，不同形态的汞之间可以相互转化，并且具有不同的迁移转化规律。在雷电、紫外线等作用下，大气中部分 Hg^0 可被氧化成 Hg^{2+}，同时大气中 SO_x 等还原性物质可将 Hg^{2+} 还原成 Hg^0，大气中汞吸附在颗粒物表面形成 Hg^p。由于 Hg^{2+} 易溶于水，且 Hg^p 通常会以干湿沉降的方式从大气中转移到水体或土壤中，因此 Hg^0 是大气中汞主要的存在形态。Hg^0 由于其稳定性高、难溶于水、可长时间在大气中停留、具有全球迁移性等特点，已经成为全球的广泛关注环境热点之一。

1.1.2　汞的用途

金属汞及其化合物广泛应用于许多领域。在古代鲜红色的硫化汞就被用来作为涂料；近代汞被广泛应用于化工生产、冶炼金属、农业、有机物合成、化妆品、电器仪器、军事等领域。在我国，汞主要被用作催化剂，约占总量的 70%，其次还用于科学测量仪器、蒸汽灯、电极、雷汞、黄金冶炼等。目前汞主要应用在以下几方面：

（1）化工。化学工业是我国最主要的汞使用领域，主要用在氯碱和聚氯乙烯（PVC）生产行业。在氯碱行业，使用金属汞用作电极电解食盐水，生产氯气和碱；在 PVC 行业则使用 $HgCl_2$ 作触媒催化剂。

（2）电器仪器。在电器行业，汞被用来制作干电池、水银灯、气压计、扩散泵、水银开关等；在仪器行业，汞被用作温度计，特别是高温温度计，此外汞或化合物被制作成测量电极，如甘汞电极、滴汞电极等。

（3）医药。利用汞易与其他金属形成合金的特点，主要用于补牙填充材料。此外，汞的化合物还具有杀菌、利尿和止痛的作用，可以作为治疗疥癣和恶疮的药物。由于汞的高毒性，目前许多国家已经禁止汞及其化合物在医药行业的使用。

（4）军事。在军事工业上，汞的化合物雷汞（$Hg(ONC)_2$）可以作为炸药的起爆剂。1865 年，雷汞首次被用于雷管，使得炸药领域得到迅速发展；此外雷汞可用于制作雷帽撞击式枪支，但由于其性质不稳定，后来被其他化学物质取代。

（5）其他领域。汞还可以应用于贵金属或稀有金属的提取、精密铸件的模具、钚原子反应堆的冷却剂、汞蒸汽灯、化妆品、轴承合金、液体镜面望远镜等方面。

1.1.3　汞的危害

汞是一种对人类有严重危害的重金属，其具有持久性、高毒性、长距离迁移性等特点，是一种公认的全球污染物。汞不参与生物生长活动，也不是生物组织的必需元素，却对生物具有严重的毒害作用。汞可以在食物链中转移并且在体内富集，当汞在生物体内浓度达到一定范围时，就会导致神经系统紊乱等问题。相比于汞或汞的无机化合物，有机汞特别是甲基汞更容易被生物吸收且毒性更强，对生物的危害也更加严重。在 20 世纪五六十年代，发生在日本的水俣病事件就是由于食用被甲基汞污染过的鱼类，造成了人体神经系统永久性损伤，导致上千人直接死亡。

汞可通过接触、呼吸、食用三种途径进入人体。汞中毒可分为慢性中毒和急性中毒两种。慢性汞中毒主要是由于长期吸入汞蒸汽造成的，主要症状为情绪波动大、意向性震颤、口腔溃烂等。急性汞中毒主要是由于短时间内大量吸入高浓度的汞蒸气或误食含汞物质引起的，吸入后的汞会抑制 T 细胞的生成，且促进细胞内产生大量的自由基，导致细胞的不可逆损伤。汞中毒时，人体的脑神经组织最先受到伤害，造成头痛、失眠、健忘等症状。对汞的毒理研究发现，汞进入人体血液后可以与蛋白质中的巯基（—SH）结合，抑制酶的活性，影响大脑丙酮酸的代谢。

金属汞稳定性高，人体肠胃对其吸收度仅 7%，因此误服的金属汞即使经过消化系统后也仍然会被人体排出，一般不会引发汞中毒。但是汞蒸气则可以经过呼吸道进入肺部，并随着血液的传播进入全身，因此汞蒸气的危害较大。汞蒸气具有一定脂溶性，也可以通过皮肤直接进入血液，对人体造成一定的损伤。汞的化合物，如 $HgCl_2$ 容易被肠胃吸收，对消化和肾脏系统造成损害。甲基汞最容易被人体吸收，对人体危害也最大，其主要来源于食物的摄入，特别是鱼虾和海产品。通常人体血脑屏障可以屏蔽大部分无机毒素的进入，但汞和甲基汞则可自由通入，进而严重危害人的神经系统。

1.2　有色金属冶炼烟气汞排放特征

有色金属冶炼行业是汞排放的主要来源之一[1]，然而国内外的研究者对有色金属行业的汞排放及控制技术的研究相对较少。根据联合国环境规划署《全球汞评估报告 2013》的统计，2008 年有色金属行业排放汞占到总排放量的 10%，排放量为 83~660t。我国有色金属冶炼行业具有中小企业众多、工艺复杂、原料成分区别大、排放重金属污染环节多、污染物形态复杂、对环境污染程度不同等特点。目前，冶炼行业尤其是铅锌冶炼过程中产生的大气汞污染物排放引发的环境问题[2]，受到了政府、行业和研究者的重点关注。

有色金属冶炼行业中精矿中的汞主要是以辰砂矿（HgS）的形态存在，在复杂的高温冶炼条件下，HgS 分解产生汞蒸气，反应式为 $HgS+O_2 \!=\! Hg(g)+SO_2$。

随着烟气温度逐步降低，烟气中的汞将经过一系列复杂的物理化学变化。现有的理论认为冶炼烟气中汞的存在形态主要有 3 种：颗粒态汞（Hg^p）、氧化态汞（Hg^{2+}）和单质态汞（Hg^0）。Hg^p 主要是烟气中汞通过物理化学吸附或化学反应形成 $HgCl_2$、HgO、HgS 和 $HgSO_4$ 等形态附着在颗粒物表面而形成的，除尘装置能除去烟气中大部分的 Hg^p，剩余的细小 Hg^p 可在烟气洗涤装置中脱除；冶炼烟气中的 Hg^{2+} 主要以 $HgCl_2$ 形态赋存，其来源于烟气 Hg^0 被烟气中 Cl_2 等氧化而形成或在烟尘表面被烟气中 HCl 催化氧化而形成。Hg^{2+} 具有很好的水溶性，大部分的 Hg^{2+} 可被湿式洗涤设备除去；Hg^0 由于化学性质稳定，难以被烟气净化装置捕集，最终会进入到硫酸产品或被排入大气当中，因此烟气中的 Hg^0 已经成为汞污染排放控制的重点。

铜、铅、锌等有色金属冶炼矿物主要以硫化矿为主，在高温或焙烧过程中会形成高浓度 SO_2 烟气（见表 1-3）。从表可知，不同典型铜铅锌冶炼工艺下，烟气中 SO_2 浓度均高于 1% 以上，属于典型高硫烟气。虽然烟气中 Hg^0 不与 SO_2 直接反应，但是烟气中的 SO_2 会极大地抑制烟气中活性氯化物的形成，从而抑制 Hg^0 氧化反应的发生（反应见式（1-1））。通常烟气中的 SO_2 含量越高，单质汞稳定态温度越宽，氧化态作为稳定相的范围越窄。因此，对于高硫冶炼烟气，烟气中 Hg^0 的比例相对较高。随着国民经济的持续发展，有色金属产量和消费将持续增加，未来冶炼行业将成为我国大气汞排放的主要来源，因此亟须开发冶炼烟气中 Hg^0 的高效控制技术。

$$Cl_2(g) + SO_2(g) + H_2O(g) \rightleftharpoons 2HCl(g) + SO_3(g) \tag{1-1}$$

表 1-3 我国主要有色金属冶炼工艺及烟气 SO_2 浓度情况

金属种类	冶炼工艺	SO_2 浓度/%	典型企业
Cu	密闭鼓风炉熔炼加转炉吹炼	4.5~7.0	杭州富春江冶炼
	奥斯麦特炉熔炼加转炉吹炼	6.0~11.0	铜陵有色金昌冶炼、云南铜业
	闪速炉熔炼加转炉吹炼	6.0~14.5	江西铜业贵溪冶炼、金川集团
	诺兰达炉	6.5~8.5	大冶有色
	转炉	5.5~8.0	大冶有色
	白银熔炼加转炉吹炼	6.0~7.5	白银有色
Pb	烧结机加鼓风炉	1.0~4.0	株洲冶炼、豫光金铅
	艾萨炉加鼓风炉	7.5~9.0	云南驰宏锌锗
	富氧底吹加鼓风炉	6.5~9.0	豫光金铅、水口山冶炼
Zn	沸腾炉	6.5~8.5	株洲冶炼、云南驰宏锌锗
	烧结机加鼓风炉	4.5~6.5	中金岭南韶关冶炼厂

1.3　烟气中 Hg⁰ 污染控制技术现状

目前，对烟气中 Hg^0 脱除的技术主要包括两大类，一类是利用固体材料作为吸附剂或催化剂直接吸附或催化转化烟气中的 Hg^0，另一类则是利用洗涤液在湿法净化过程中捕获 Hg^0，从而实现烟气中 Hg^0 的脱除。常见的烟气中 Hg^0 的净化方法可分为冷凝法、吸附法、催化氧化法、液相吸收法 4 种。

1.3.1　冷凝法

直接冷凝法主要是利用不同温度下汞饱和蒸气压不同的原理，通过降低烟气温度使汞的蒸气压下降并冷凝析出，达到分离并回收汞的目的。温度对汞饱和蒸气压影响很大，具体见表 1-4。冷凝装置一般安装在洗涤塔与除雾器之间。烟气进入洗涤塔进行净化和一级降温后，再送入冷凝系统冷却，该过程一般能去除80%~90%的汞蒸气。但直接冷凝法的总汞去除效率偏低，且仅适合含汞特别高的锌冶炼烟气处置。我国葫芦岛锌厂曾采用该方法，目前该方法已经被淘汰。

表 1-4　不同温度下的汞饱和蒸气压

温度/℃	饱和蒸气压/mg·m⁻³	温度/℃	饱和蒸气压/mg·m⁻³
−10	0.74	50	126
0	2.18	70	453
10	5.88	100	2360
20	13.2	200	118000
30	29.4	300	1390000
40	62.6		

1.3.2　吸附法

吸附脱汞的研究中，常用的吸附剂有飞灰、碳基吸附剂、贵金属吸附剂、过渡金属及金属氧化物、硫化物吸附剂等。

飞灰作为一种廉价易得的吸附剂对 Hg^0 具有一定的吸附作用[3,4]，但相对其他吸附剂如活性炭等对汞的吸附效率低、吸附容量小，而且易产生大量的固废。研究发现飞灰对烟气中 Hg^0 的吸附效率与未燃尽碳含量有关，飞灰中未燃尽的碳含量越高，其对 Hg^0 的去除效果也越好。冶炼行业飞灰与燃煤行业差距大，所含的未燃碳含量少，因此难以直接利用烟气中的飞灰从冶炼烟气中吸附汞。

碳基吸附剂即活性炭（AC）及其化学改性吸附剂，因其高比表面积而具有较高吸附脱除 Hg^0 的潜力，其对 Hg^0 的捕集过程主要以化学吸附为主。活性炭表面存在大量的酸性位点，烟气中 Hg^0 易与酸性位点相结合而发生化学氧化反应[5,6]，同时烟气中存在的气体成分如 O_2、HCl 等能够促进活性炭对单质汞的吸附。为了进一步提高活性炭对 Hg^0 的捕集能力，研究发现，用 I、Br、Cl 和 S 改性的活性炭吸附剂，具有更高的吸附活性。卤素与硫能够与 Hg^0 结合形成稳定的金属化合物，抑制被吸附的 Hg^0 解吸，提高了活性炭对 Hg^0 的捕获性能。但大量研究表明，烟气中的 SO_2 会先于 Hg^0 占据活性炭表面的吸附活性位点，导致 Hg^0 吸附效率的下降；烟气中 SO_2 可与活性炭表面的含氧官能团发生硫化反应，即消耗活性炭的含氧官能团，从而削弱活性炭对 Hg^0 的氧化吸附能力。

贵金属吸附剂主要利用在低温的条件下 Hg^0 易与贵金属单质形成固溶体汞齐的原理，从而实现对烟气中 Hg^0 的捕获脱除。汞齐化过程为可逆过程，在高温下可分解，有利于吸附剂的再生和汞的回收[7]。常用的贵金属吸附剂主要包括金、钯、铂、铱和铑。Jain 等人[8]计算了不同贵金属吸附剂与 Hg^0 形成汞齐反应的热力学，结果表明 Pd 与 Hg^0 反应生成的汞齐的生成涵最高，即 Pd 对 Hg^0 的吸附效果最好。用质量分数为 1%Pd 负载量的 $Pd/\gamma-Al_2O_3$ 吸附剂，在吸附温度为 204℃ 和吸附时间为 6h 条件下，对 Hg^0 的吸附容量可达 460μg/g。但贵金属吸附剂价格昂贵，极大地限制了其广泛应用。

金属氧化物吸附剂主要包括 MnO_x、CeO_2、Co_3O_4、V_2O_5、Fe_2O_3 等人。Wu 等人[9]研究考察了 Fe_2O_3/TiO_2、CuO/TiO_2 和 MnO_x/TiO_2 三种负载型金属氧化物吸附剂对模拟燃煤烟气中汞的脱除性能。研究结果表明，Fe_2O_3/TiO_2 吸附剂对 Hg^0 的吸附性能较差；CuO/TiO_2 吸附剂仅在高温下能吸附 Hg^0，其吸附效率随着温度的升高而升高；MnO_x/TiO_2 吸附剂对 Hg^0 吸附性能最高，在 200℃ 下汞的吸附容量可达 17.5mg/g。另外，采用 Zr、Ce、Sn 等与 MnO_x 制备双金属氧化物复合吸附剂可提高 Hg^0 的吸附效果。但烟气中的 SO_2 能够在金属氧化物吸附剂表面形成金属硫酸盐，导致吸附活性位点的钝化，从而大大降低吸附剂对 Hg^0 的吸附性能，且易使吸附剂失去循环再生能力。因此，金属氧化物吸附剂极易受到烟气中 SO_2 的影响。

金属硫化物吸附剂是一种新型的脱汞吸附剂，有研究发现磁黄铁矿和 Nano-ZnS 在分别含有 0.005% 和 0.04% SO_2 的模拟烟气中依然有很好的 Hg^0 脱除性能[10,11]。Zhao 等人[12]发现在 175~325℃ 时，$CoMoO/\gamma-Al_2O_3$ 吸附剂对 Hg^0 的脱除效率为 75%，而在 50℃ 时 $CoMoS/\gamma-Al_2O_3$ 对 Hg^0 的脱除效率就已经几乎达到 100%。此外，Zn、Mo、Mn、Co、Cu、Ce、Sn 等过渡金属硫化物吸附剂有优异的 Hg^0 吸附脱除性能。但是金属硫化物通常仅在低温下对汞脱除效果比较好，难以循环利用。

1.3.3 催化氧化法

催化氧化法利用催化剂的强催化氧化功能，将烟气中的 Hg^0 转化为 Hg^{2+}，然

后借助后续装置将 Hg^{2+} 脱除，最终实现高效脱除烟气中 Hg^0 的目的。按种类划分，常见的催化剂分为贵金属、SCR 催化剂和过渡金属氧化物三种。

贵金属（如 Pd、Au、Pt、Ag）不仅是一类高效的脱汞吸附剂，同时也是一类高效的脱汞催化剂。在烟气脱汞过程中，Pd 和 Au 催化剂对 Hg^0 和卤素及其化合物（如 HCl 和 Cl_2）具有强吸附作用[13]，而不吸附烟气中 O_2、NO、H_2O 和 SO_2 等气体，因此具有很好的抗硫性，催化氧化脱汞效率能达到 95%，并且具有很好的催化稳定性和易于再生性。但是 HCl 可能与 Hg^0 竞争表面的活性位点，抑制 Hg^0 的催化氧化。除此之外，贵金属高昂的价格和处理成本一直是限制其大规模应用的重要因素。

SCR 催化剂主要有钒基催化剂和锰基催化剂两种类型，分别适用于 $300 \sim 400℃$ 的较高温度范围和 $100 \sim 250℃$ 的较低温度范围。SCR 催化剂主要目的是选择性催化还原烟气中氮氧化合物（NO_x）。SCR 催化剂在脱除 NO_x 的同时也能协同氧化 Hg^0，且催化脱除效率可达到 $64\% \sim 98\%$。另外还有研究指出 SCR 催化剂催化氧化 Hg^0 的条件是必须有 O 和 Cl 的存在，且 HCl 含量越高催化脱汞性能越好。目前研究推测可能催化机理有 3 种：第一种是 Deacon 反应机理[14]，首先 O_2 在 SCR 催化剂表面的活性位点上将氯化氢催化生成氯气，氯气直接与 Hg^0 反应。但是这种反应机理生成的氯气浓度低，因此，难以将 Hg^0 高效快速的氧化。第二种是 Langmuir-Hinshelwood（L-H）机理[15]，Hg^0 与氧化性物质（含氯或氧的物质）都吸附在催化剂表面活性位点上形成吸附态，吸附态的氧化性物质再于吸附态 Hg^0 反应最后形成吸附态 $HgCl_2$ 或 HgO，进而也可以释放到气相中。第三种是 Eley-Rideal 机理[16]，HCl 和 Hg^0 中的一种吸附在 SCR 催化剂表面活性位点，再与气相中的另一种物质发生反应，从而达到对 Hg^0 的催化氧化目的。

过渡金属氧化物不仅对单质汞具有吸附作用，而且在温度改变的条件下还能实现对 Hg^0 的催化氧化脱除，常被用作催化剂的材料有 CuO、Cu_2O、CeO_2、TiO_2、Co_3O_4 和 MoO_3 等。Yamaguchi 等人[17]的研究中发现 CuO 和 MnO_2 能够在低浓度的 HCl 条件下实现 Hg^0 的催化氧化，纳米级的 CuO 对 Hg^0 向 Hg^{2+} 的催化氧化效果随着温度的降低而升高，但是却随着纳米尺寸的增加而降低。Xie 等人[18]将锰铈氧化物负载在活性炭上得到了 MnO_x-CeO_2 复合活性焦炭材料，在反应温度为 190℃ 和 O_2/N_2 的气氛条件下，Hg^0 催化效果能达到 90% 以上，在没有氧气存在的条件下，该复合催化剂易受到 SO_2 的影响。一般的过渡金属氧化物催化剂如 CeO_2、MnO_2、Fe_2O_3 对烟气中 HCl 的浓度有要求[19]，仅在高浓度 HCl 条件下对 Hg^0 催化氧化效果较好。另外，过渡金属氧化物催化剂容易与 SO_2 反应生成硫酸或亚硫酸盐等物质，从而覆盖催化剂上的催化活性位点，最终导致催化活性降低甚至失活。

1.3.4 液相吸收法

液相吸收法可从烟气中直接吸收 Hg^0，从而实现烟气中 Hg^0 的脱除。常见的吸收法包括氯化汞吸收法、碘化钾吸收法和高锰酸钾吸收法等。

1.3.4.1 氯化汞吸收法

氯化汞吸收法又被称为玻利登法[20]。在汞吸收塔中，以酸性的氯化汞配合物（$HgCl_n^{n-2}$，通常 $2 \leqslant n \leqslant 4$）为洗涤液，烟气中的 Hg^0 在与洗涤液接触过程中可与溶液中 $HgCl_n^{n-2}$ 快速反应生成不溶于水的 Hg_2Cl_2 沉淀，Hg_2Cl_2 沉淀进行回收可以作为产品销售，或者电解得到金属汞从而实现汞的脱除和回收；另外，得到的 Hg_2Cl_2 沉淀可用 Cl_2 氧化再生得到 $HgCl_2$，进而实现汞吸收液中的循环利用[21]。整个氯化汞吸收法可由洗涤净化、制取吸收液和电解生产单质汞三部分构成（见图 1-2），具体反应过程如下：

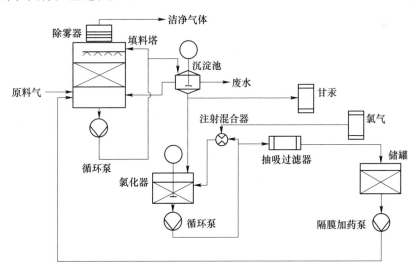

图 1-2 氯化汞吸收法除汞法示意图

洗涤净化反应：

$$Hg^0 + HgCl_n^{2-n} = Hg_2Cl_2 + (n-2)Cl^- \tag{1-2}$$

$$SO_2 + 2HgCl_n^{2-n} + 2H_2O = Hg_2Cl_2 + SO_4^{2-} + (2n-2)Cl^- + 4H^+ \tag{1-3}$$

制取吸收液反应：

$$Hg_2Cl_2 + Cl_2 = 2HgCl_2 \tag{1-4}$$

$$HgCl_2 + nCl^- = HgCl_n^{2-n} \tag{1-5}$$

电解反应：

$$HgCl_n^{2-n} \longrightarrow HgCl_2 + (n-2)Cl^- \tag{1-6}$$

$$HgCl_2 \longrightarrow Hg + Cl_2 \tag{1-7}$$

氯化汞吸收工艺除汞性能稳定、对 Hg^0 的去除率可达到 95% 以上[22]。氯化汞吸收法虽然已经实现工业应用，但并未得到广泛应用，其主要缺点是先期投资大，仅适合处理高浓度含汞烟气，在循环使用过程中 Cl_2 的使用加大了设备腐蚀的可能性，同时存在安全隐患。

1.3.4.2　碘化钾吸收法

碘化钾吸收法利用碘离子可与汞形成稳定的配合物的特性，大大降低了 Hg^0 的氧化电位，实现了烟气中 Hg^0 的高效净化。通过碘化钾溶液与烟气逆流接触，烟气中 Hg^0 在 SO_2 或 O_2 的参与下与溶液中的碘离子进行配合反应，汞以稳定 HgI_4^{2-} 的形态被吸收下来[23,24]。吸收后的母液可送电解工序电解，溶液中 HgI_4^{2-} 在阴极被电解还原为金属汞，溶液中碘离子在阳极被氧化成单质碘，实现汞的回收和碘的循环利用。上述过程主要化学反应方程式如下所示：

吸收反应：

$$SO_2 + Hg^0 + 4H^+ + 8I^- = 2HgI_4^{2-} + S + 2H_2O \tag{1-8}$$

电解反应：

$$HgI_4^{2-} = Hg + I_2 + 2I^- \tag{1-9}$$

还原反应：

$$I_2 + SO_2 + 2H_2O = 2I^- + SO_4^{2-} + 4H^+ \tag{1-10}$$

碘络合法除汞过程中，循环吸收液中碘离子浓度、酸度、汞离子浓度、吸收液的喷淋密度、空塔流速和气液接触时间等因素都会影响汞的脱除效率。在最佳工艺条件下，碘化钾溶液对烟气中汞的脱除效率可达 99% 以上[25]。碘化钾技术曾在中金岭南韶关冶炼厂、白银有色西北铅锌冶炼厂等得到了工业化应用，但由于碘化钾价格昂贵、损耗大、脱汞效率波动大等缺点，目前该技术已经停止使用。

1.3.4.3　高锰酸钾吸收法

高锰酸钾吸收法是将冷凝降温后的含汞烟气通入高锰酸钾吸收液中进行循环吸收，利用高锰酸钾的强氧化还原性，将 Hg^0 氧化成 HgO，同时生成的 MnO_2 能与 Hg^0 发生络合生成汞锰络合物（Hg_2MnO_2）（见式（1-10）和式（1-11））。生成的 HgO 和 Hg_2MnO_2 可以通过向溶液中加絮凝剂从溶液中絮凝沉淀下来，从而达到除汞目的。Fang 等人[26,27]研究了臭氧及其与 $KMnO_4$ 的混合溶液对 Hg^0 的脱除效果，发现臭氧和 $KMnO_4$ 混合液对 Hg^0 的脱除效率可以达到 100%，同时能够实现烟气中存在的硫氧化物和氮氧化物的高效联合脱除。但是该方法需要持续补充高锰酸钾溶液，而且有色金属冶炼烟气中的高浓度 SO_2 会先与高锰酸钾反应，消耗大量的高锰酸钾。

$$2KMnO_4 + 3Hg^0 + 2H^+ === 3HgO + 2MnO_2 + H_2O + 2K^+ \quad (1-11)$$

$$2Hg^0 + MnO_2 === Hg_2MnO_2 \quad (1-12)$$

除了上述 3 种常用技术之外，近些年也报道了一些新型液相吸收技术。研究发现酸性硫脲溶液可实现对高浓度的 SO_2 冶炼烟气中 Hg^0 的高效净化，且硫脲氧化的中间产物——二硫甲脒是高硫气氛下 Hg^0 选择性氧化的关键，其可直接氧化 Hg^0 形成 $Hg(Tu)_4^{2+}$ 配合物。Liu 等人[28]采用芬顿试剂在鼓泡的作用下对 Hg^0 的脱除进行研究，利用反应中产生的·OH 对烟气中的 Hg^0 和 SO_2 进行联合脱除，SO_2 和 Hg^0 的脱除效率可达 100%。芬顿试剂虽然具有优异的脱汞性能，但是试剂的消耗量大且不能循环利用。离子液体作为新兴的无污染的绿色试剂，在液相脱汞中也得到了应用。Barnera 等人[29]选用 1-甲基-3-丁基咪唑卤盐（$[XI_2^-]$）作为新颖的脱汞吸附剂，对不同卤素存在的条件下的脱汞效果进行研究，发现当加入碘单质的情况下，该离子液体对汞的氧化效果最好，同时当反应温度升高为 140℃时，脱汞效率几乎不受 SO_2 的影响。Ji 等人[30]对吡啶类和咪唑类的离子液体进行对比，发现氯化吡啶对单质汞的脱除效果最好，吡啶类的离子液体具有相对较高的氧化还原电势，具有较强的氧化能力，但是在离子液体中加入卤素会影响离子液体的热稳定性。由于离子液体高温稳定性差、难以大规模生产等问题还未解决，因此该技术仅限于实验研究阶段。

1.4 开发新型脱汞材料的必要性和意义

我国在 2013 年签署了全球性的《关于汞的水俣公约》，并于 2016 年 8 月 31 日向联合国递交《关于汞的水俣公约》批准文书，成为公约第 30 个批约国。公约旨在降低汞向大气、水体、土壤中的排放，而有色金属冶炼烟气是我国大气汞排放的重要来源之一，占我国大气汞排放量的 10% 以上，如何降低有色金属冶炼行业的汞排放成为限制行业发展的挑战。

有色金属冶炼行业中精矿中的伴生汞会在火法熔炼或焙烧过程中挥发进入气相。由于有色金属冶炼精矿通常为硫化矿，在高温熔炼或焙烧过程中形成高浓度 SO_2 烟气，且伴生在精矿中汞也全部挥发进入烟气，因此有色金属冶炼烟气是高浓度 SO_2 的含汞烟气。目前，我国大部分冶炼厂采用的余热锅炉+静电除尘+湿法净化+烟气制酸+脱硫的协同净化工艺，其对烟气中汞的协同脱除效率可达 95% 以上。但在传统的协同净化过程中，汞会分散在污酸、烟尘、酸泥等介质中，形成含汞溶液或固废，这给后续的无害化处置带来了巨大的困难。随着我国对冶炼行业重金属汞污染排放限制的要求将越来越严格，单独采用协同脱汞技术已无法满足未来汞排放标准，因此需要采用专门的脱汞技术强化烟气中汞的脱除。

与传统的冷凝法和液相吸收法相比，固相吸附法和催化氧化法具有投资低、

Hg⁰ 脱除效率高、易二次处理等优点，已经在燃煤、水泥等行业烟气中汞的污染控制中广泛应用。有色金属冶炼烟气还原气氛强，烟气中 Hg^0 浓度高，且烟气成分复杂，这些均导致传统的活性炭等吸附剂和 SCR 催化氧化剂难以直接应用于有色金属冶炼行业。同时传统的金属氧化物催化剂在高浓度 SO_2 气氛下易中毒失活，导致其对冶炼烟气中汞的催化氧化效率不高。针对高硫冶炼烟气具有还原性气氛强、汞浓度高、成分复杂等特征，亟须开发新型高效的脱汞材料，实现高硫冶炼烟气中汞的选择性脱除，以降低冶炼烟气汞污染排放，促进有色金属冶炼绿色可持续发展。

通过开发高效脱汞材料不仅可提高烟气中汞的脱除效率，而且也有利于汞的后续集中处置。汞公约要求在生效 15 年内关停所有原生汞生产企业，因此未来金属汞将成为一种紧缺的资源。利用新型脱汞材料对有色金属冶炼烟气中的汞进行高效集中处置，并从中回收汞资源，将为我国未来汞需求提供保证。因此，无论从环境保护角度还是从资源回收角度，利用开发功能材料从冶炼烟气中高效脱除汞具有重大意义。

参 考 文 献

[1] 宋敬祥. 典型炼锌过程的大气汞排放特征研究 [D]. 北京：清华大学，2010.

[2] 吴清茹. 中国有色金属冶炼行业汞排放特征及减排潜力研究 [D]. 北京：清华大学，2015.

[3] Granite E J, And H W P, Hargis R A. Novel sorbents for mercury removal from flue gas [J]. Industrial & Engineering Chemistry Research, 1998, 39 (4): 1020~1029.

[4] Chen L, Duan Y, Zhuo Y, et al. Mercury transformation across particulate control devices in six power plants of China: The co-effect of chlorine and ash composition [J]. Fuel, 2007, 86 (4): 603~610.

[5] Mibeck B A F, Olson E S, Miller S J. HgCl₂ sorption on lignite activated carbon: Analysis of fixed-bed results [J]. Fuel Processing Technology, 2009, 90 (11): 1364~1371.

[6] Presto A A, Granite E J. Impact of sulfur oxides on mercury capture by activated carbon. [J]. Environmental Science & Technology, 2008, 42 (3): 6579~6584.

[7] Poulston S, Granite E J, Pennline H W, et al. Metal sorbents for high temperature mercury capture from fuel gas [J]. Fuel, 2007, 86 (14): 2201~2203.

[8] Jain A, Seyed-Reihani S A, Fischer C C, et al. Ab initio screening of metal sorbents for elemental mercury capture in syngas streams [J]. Chemical Engineering Science, 2010, 65 (10): 3025~3033.

[9] Wu S, Ozaki M, Uddin M, et al. Development of iron-based sorbents for Hg⁰ removal from coal derived fuel gas: Effect of hydrogen chloride [J]. Fuel, 2008, 87 (4~5): 467~474.

［10］ Liao, Y, Chen, D, Zou, S, et al. Recyclable naturally derived magnetic pyrrhotite for elemental mercury recovery from flue gas ［J］. Environmental science & technology l. 2016, 50, 10562~10569.

［11］ Li H, Zhu L, Wang J, et al. Development of nano-sulfide sorbent for efficient removal of elemental mercury from coal combustion fuel gas ［J］. Environmental science & technology, 2016, 50（17）: 9551~9557.

［12］ Zhao H, Yang G, Gao X, et al. Hg^0 capture over $CoMoS/r-Al_2O_3$ with MoS_2 nanosheets at low temperatures ［J］. Environmental science & technology, 2016, 50（2）: 1056~1064.

［13］ Zhao Y, Michael D, John H, et al. Application of gold catalyst for mercury oxidation by chlorine ［J］. Environmental Science & Technology, 2006, 40（5）: 1603~1608.

［14］ Qiao S, Chen J, Li J, et al. Adsorption and catalytic oxidation of gaseous elemental mercury in flue gas over MnO_x/alumina ［J］. Industrial & Engineering Chemistry Research, 2015, 48（7）: 3317~3322.

［15］ Li H, Wu C Y, Li Y, et al. Superior activity of MnO_x-CeO_2/TiO_2 catalyst for catalytic oxidation of elemental mercury at low flue gas temperatures ［J］. Applied Catalysis B: Environmental, 2012, 111~112（3）: 381~388.

［16］ Sheng H, Zhou J, Zhu Y, et al. Mercury oxidation over a vanadia-based selective catalytic reduction catalyst ［J］. Energy & Fuels, 2009, 23（1）: 253~259.

［17］ Yamaguchi A, Akiho H, Ito S. Mercury oxidation by copper oxides in combustion flue gases ［J］. Powder Technology, 2008, 180（1~2）: 222~226.

［18］ Xie Y, Li C, Zhao L, et al. Experimental study on Hg^0 removal from flue gas over columnar MnO_x-CeO_2/activated coke ［J］. Applied Surface Science, 2015, 333: 59~67.

［19］ Gao W, Liu Q, Wu C Y, et al. Kinetics of mercury oxidation in the presence of hydrochloric acid and oxygen over a commercial SCR catalyst ［J］. Chemical Engineering Journal, 2013, 220（11）: 53~60.

［20］ 许波. 玻利登-诺津克除汞技术及应用 ［J］. 有色冶炼, 2000（06）: 10~12.

［21］ 张玉宙. 铅锌烧结机烟气制酸除汞技术 ［J］. 硫酸工业, 1987（04）: 8~11.

［22］ 李子良, 徐志峰, 张溪, 等. 有色金属冶炼烟气中单质汞脱除研究现状 ［J］. 有色金属科学与工程, 2020, 11（2）: 20~26.

［23］ 侯鸿斌. 韶关冶炼厂汞回收工艺及生产现状分析 ［J］. 湖南有色金属, 2001, 17（5）: 18~20.

［24］ 唐冠华. 碘络合—电解法除汞在硫酸生产中的应用 ［J］. 有色冶金设计与研究, 2010, 31（3）: 23~24.

［25］ Dyvik F, Borve K. Method for the purification of gases containing mercury and simultaneous recovery of the mercury in metallic form: US, 4640751. 3 ［P］. 1987.

［26］ Fang P, Cen C P, Wang X M, et al. Simultaneous removal of SO_2, NO and Hg^0 by wet scrubbing using urea+$KMnO_4$ solution ［J］. Fuel Processing Technology, 2013, 106: 645~653.

［27］ Fang P, Cen C, Tang Z, et al. Simultaneous removal of SO_2 and NO_x by wet scrubbing using urea solution ［J］. Chemical Engineering Journal, 2011, 168（1）: 52~59.

［28］Liu Y, Wang Y, Wang Q, et al. A study on removal of elemental mercury in flue gas using fenton solution ［J］. Journal of Hazardous Materials, 2015, 292: 164~172.

［29］Barnea Z, Sachs T, Chidambaram M, et al. A novel oxidative method for the absorption of Hg^0, from flue gas of coal fired power plants using task specific ionic liquid scrubber ［J］. Journal of Hazardous Materials, 2013, 244~245 (2): 495~500.

［30］Lei J, Thiel S W, Pinto N G. Room temperature ionic liquids for mercury capture from flue gas ［J］. Industrial & Engineering Chemistry Research, 2008, 47 (21): 8396~8400.

2 单质硒基吸附剂的制备和脱汞性能研究

硒与汞有很强的亲和力，其亲和常数高达 10^{22}，最终形成稳定的 HgSe，且形成的 HgSe 具有极低的溶出率（$10^{-58} \sim 10^{-65}$），因此硒基吸附剂理论上是一种高效的脱汞吸附剂。20 世纪 70 年代首次使用金属硒浸渍的陶瓷颗粒制备硒过滤器来捕获烟气中的汞，硒浸渍后陶瓷颗粒对汞的去除效率达到 90%，是一种非常具有潜力的脱汞剂。但在工业应用中未对硒的微观结构进行调控，导致吸附剂中只有表面的硒参与反应，易快速饱和，难以实现烟气中汞的持续稳定脱除。同时由于硒过滤器内部硒利用率低，从而导致运行成本高，且使用后的硒过滤器难以再生利用。上述原因导致硒过滤器没有得到广泛的应用及推广。近年来，随着纳米技术的高速发展，制备纳米单质硒吸附材料，大幅度提高硒吸附剂比表面积，从而提高硒对汞的脱除效果。同时将纳米硒与石墨烯进行有机复合，制备硒负载石墨烯复合材料，可有效提高纳米硒的分散性和硒的利用率，同时增强纳米硒结构稳定性，利于工业化应用。基于此，本章将从纳米单质硒及硒负载石墨烯复合材料制备、表征及脱汞性能等方面进行详细介绍。

2.1 纳米单质硒的制备及表征

2.1.1 不同颗粒大小硒的制备及表征

近年来，随着纳米技术的飞速发展，对于不同特征硒的合成有以下几种方法：室温/升温还原法、模板法、超声化学法、水热法、气相沉积法、微波法等。由于硒稳定性较差，制备时需要将反应控制在较为温和的条件下进行，因此为了实现不同颗粒大小、形貌硒的制备，选取条件较为温和、设备简易、高效且具有良好的调控能力的化学还原法进行合成。

利用硒代硫酸钠在酸性条件下易发生歧化反应的原理[1]，采用化学歧化法合成了硒微米颗粒。反应过程为：$Na_2SeSO_3 \rightleftharpoons Na_2SO_3 + Se$。制备步骤如下：将 1.58g 的单质硒粉与 2.52g 的亚硫酸钠固体一起加入三口烧瓶中，加入 80mL 去离子水，放入磁力搅拌水浴锅中，升温至 80℃，搅拌反应，直至硒粉完全溶解，溶液变为无色后停止反应，将溶液转移至 100mL 容量瓶中，定容至 100mL，得到 0.2mol/L 的硒代硫酸钠溶液。取 0.2mL 的硒代硫酸钠溶液（浓度为 0.2mol/L）于烧杯中，加入去离子水稀释至 25mL。配置浓度为 1mol/L 的稀硫酸，在磁力搅拌的条件下，将 5mL 稀硫酸逐滴加入之前配置好的硒代硫酸钠溶液中，溶液迅速变红。反应进行 3min 后，将产物进行离心分离，产物再经过水洗去除杂质，最后将产物在−20℃下预冷一夜后，冷冻干燥 48h 获得硒微米颗粒样品。

利用抗坏血酸具有弱还原性的原理[2]，与亚硒酸钠一起，采用化学还原法合成硒纳米颗粒。反应过程为：$Na_2SeO_3+C_6H_8O_6 \rightarrow Se$。制备步骤如下：将 5mmol 亚硒酸钠在 95℃条件下溶解于 100mL 蒸馏水中，搅拌形成均相的溶液。取 2g L-抗坏血酸溶于 10mL 蒸馏水获得 0.2g/mL 的抗坏血酸溶液。将配置好的抗坏血酸溶液在磁力搅拌的情况下一滴滴加入之前配置好的亚硒酸钠溶液中，溶液迅速变红。反应进行 5min 后，将产物进行离心分离，产物再经过水洗和无水乙醇洗涤以去除杂质，最后将产物在−20℃下预冷一夜后，冷冻干燥 48h 获得硒纳米颗粒样品。

2.1.1.1　材料物相

对制备出的硒微米颗粒、硒纳米颗粒的结晶度以及物相情况采用 XRD 进行了检测。如图 2-1 所示，硒微米颗粒的 X 射线衍射谱图是纯三方晶系的相，在 23.5°与 29.5°等处都出现了特征峰，这和硒的 XRD 标准卡片相一致（JCPDF 卡号 06-0362），而硒纳米颗粒 X 射线衍射图谱未见明显的衍射峰，表明其为非晶无定型状态。

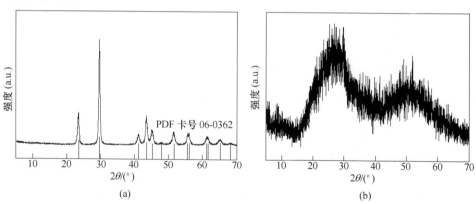

图 2-1　硒微米颗粒（a）和硒纳米颗粒（b）的 X 射线衍射谱图

2.1.1.2　表面形貌及组成

通过 SEM 对制备出的硒微米颗粒、硒纳米颗粒的形貌进行表征分析，其结果如图 2-2 所示。图 2-2（a）~（c）展示了不同放大倍数下的硒微米颗粒。从中可以看出，制备出的硒微米颗粒为球状结构，直径在 10μm 左右。图 2-2（d）~（f）所示为制备出的硒纳米颗粒的 SEM 图。从中看出，硒纳米颗粒为球状结构，直径为 200~300nm，且硒颗粒之间存在一定的团聚和黏连。

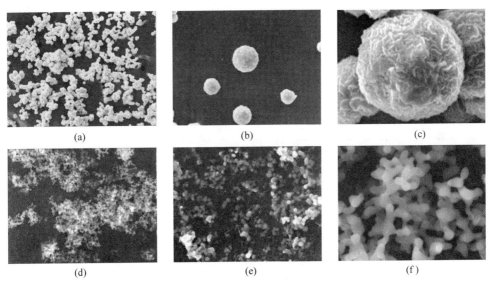

图 2-2　不同放大倍数下的硒微米颗粒（a，b，c）和硒纳
米颗粒（d，e，f）扫描电镜图

采用 EDS 对制备出的硒微米颗粒进行元素分析，如图 2-3 所示。在微米球状结构上选取一个面（见图 2-3（a）中方框）进行扫描，检测得到硒的元素含量达到 94.16%，其余的为 C 和 O，其主要来源于样品 SEM 检测过程中使用的导电胶的干扰。因此，在排除导电胶干扰的情况下，采用 EDS 可以确定合成的材料为纯单质硒微米颗粒。

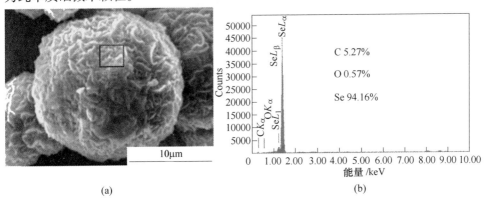

图 2-3　硒微米颗粒的 EDS 能谱图

如图 2-4 所示，对合成的硒微米颗粒通过 EDS 进行了 Mapping 面扫分析，可以清楚地观察到制备出的硒微米颗粒部分在扫描的结果主要分布的是硒元素，据此也可以判断出合成的材料为硒微米颗粒。

图 2-4　硒纳米颗粒 EDS 图像和硒元素分布图

2.1.1.3　比表面积

　　采用比表面积测试硒微米颗粒、硒纳米颗粒的比表面积大小、总孔体积和孔直径的分布情况。经过测定，见表 2-1，两种材料的孔径均分布在 18~20nm，硒纳米颗粒比表面积可达 40.6m²/g，远大于硒微米颗粒的比表面积。硒纳米颗粒孔隙体积为 0.021cm³/g，同样大于硒微米颗粒的 0.012cm³/g。硒纳米颗粒与硒微米颗粒相比，硒微米颗粒沿着晶面生长为稳定态的三方硒，且颗粒尺寸较大，这导致其比表面积和孔径尺寸减小。

表 2-1　不同颗粒大小硒的比表面积

样品	比表面积/m² · g⁻¹	总孔体积/cm³ · g⁻¹	孔径/nm
纳米硒	40.6	0.021	19.7
微米硒	25.3	0.012	18.5

2.1.1.4　晶型及成分

　　制备出的硒微米颗粒和硒纳米颗粒用拉曼光谱进一步证明其晶型形态。结晶硒（三方）的拉曼共振峰的位置在 236.8cm⁻¹ 左右，非晶硒（无定型）振动中心在 254cm⁻¹ 左右，这是由于螺旋 Seₙ 的伸缩振动引起的[3]。本检测所用的拉曼光谱激光波长为 532nm，激光强度为 1%（对应能量 5mW），曝光时间为 10s，所得结果如图 2-5 所示，硒微米颗粒和购买的商业硒粉在 236cm⁻¹ 处存在一个特征峰，说明其为结晶硒（三方），这与对应的 XRD 测试结果相一致。硒纳米颗粒在

236cm^{-1}和254cm^{-1}处都存在特征峰，254cm^{-1}处特征峰较弱。检测过程中发现第一次扫描过后的硒纳米颗粒重复进行第二次扫描时，254cm^{-1}处特征峰消失，236cm^{-1}处特征峰强度增强。在拉曼检测过程中，激光打在硒纳米颗粒的表面产生的能量可能使硒从非晶态向三方态进行了部分转化，连续操作可使其完全转化为三方态。上述结果表明了非晶态硒纳米颗粒的不稳定性。

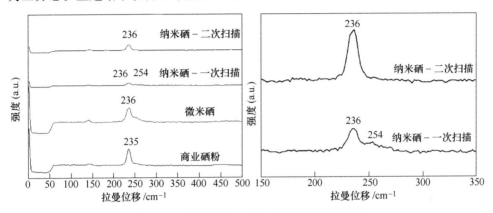

图 2-5　硒微米颗粒、硒纳米颗粒拉曼光谱图

为了证明上述推测，通常降低拉曼测试中的激光强度来确认硒纳米颗粒的晶型。调整后的测定参数为：激光强度 0.1%（对应能量 0.5mW），曝光时间 10s。从图 2-6 可知，硒纳米颗粒在 254cm^{-1}处存在唯一特征峰，说明其为非晶无定型态，这也与对应的 XRD 测试结果相匹配。同时也在此条件下对第一次扫描过后的硒纳米颗粒重复进行了三次扫描，254cm^{-1}处特征峰逐渐消失，236cm^{-1}处特征峰强度逐渐增强，符合之前的测试数据。

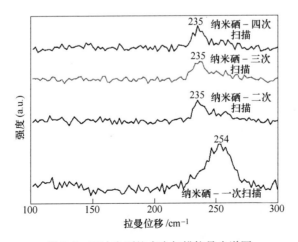

图 2-6　硒纳米颗粒多次扫描拉曼光谱图

2.1.1.5　热重

采用热重分析（TG）对相应的硒微米颗粒、硒纳米颗粒的吸附材料进行表征，如图 2-7 所示。从 TG 图谱可以看出，在 20~300℃范围之内，合成出的硒微米颗粒和硒纳米颗粒的物质质量均无明显的变化，这表明 300℃以下硒微米颗粒和硒纳米颗粒结构稳定。当温度超过 300℃后，硒微米颗粒和硒纳米颗粒都开始出现失重。单质硒的熔点为 217℃，在较高的温度下，硒容易挥发，从而造成失重。当温度到达 500~600℃时，此时硒可完全挥发。可硒微米颗粒与硒纳米颗粒相比，其挥发速率更慢，因此硒微米颗粒的晶型稳定性高于无定型硒纳米颗粒。

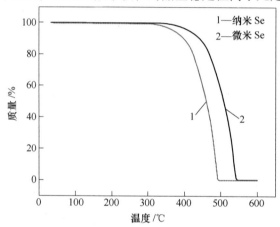

图 2-7　硒微米颗粒、硒纳米颗粒热重分析图

2.1.2　不同形貌硒的制备及表征

采用超声化学还原法合成硒纳米线，将 5mmol 亚硒酸钠在 95℃条件下溶解于 100mL 蒸馏水中，搅拌形成均相的溶液。取 2g L-抗坏血酸溶于 10mL 蒸馏水获得 0.2g/mL 的抗坏血酸溶液。将配置好的抗坏血酸溶液在磁力搅拌的情况下一滴滴加入之前配置好的亚硒酸钠溶液中，溶液迅速变红。反应进行 5min 后，将产物进行离心分离，产物再经过水洗和无水乙醇洗涤以去除杂质，随后将其进行超声处理 30min，最后将产物在-20℃下预冷一夜后，冷冻干燥 48h 获得硒纳米线。

2.1.2.1　材料物相

对制备出的硒纳米线进行 XRD 测试，其结果如图 2-8 所示。从图中可以看出，硒纳米线的 X 射线衍射谱图与硒微米颗粒的测试结果相同，在 23.5°与 29.5°等处都出现了特征峰，这与硒的 XRD 标准卡片相一致（JCPDF 卡号 06-0362），这说明硒纳米线也由纯三方晶系的相单质硒构成。

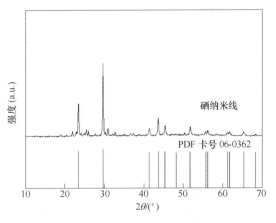

图 2-8 硒纳米线 X 射线衍射谱图

2.1.2.2 表面形貌及组成

对制备出的硒纳米线的形貌也通过 SEM 进行了表征分析，如图 2-9 所示，可

图 2-9 硒纳米线扫描电镜图

以看到制备出的硒纳米线均为纳米线状结构，纳米线的直径小于 100nm，长度为几个微米。同时对制备出的硒纳米线（截取图 2-10（a）中方框）通过 EDS 进行了元素表征分析，其结果如图 2-10 所示。EDS 检测得到硒的元素含量达到 90.75%，其余主要为由扫描电镜碳导电胶影响而带来的碳和氧元素，因此可以确定合成的材料为硒纳米线。

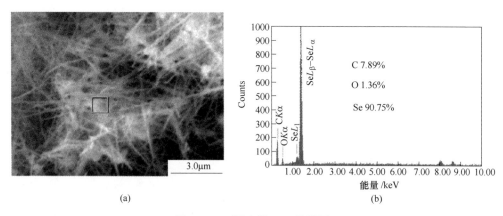

(a)　　　　　　　　　　　　　　　(b)

图 2-10　硒纳米线 EDS 能谱图

2.1.2.3　比表面积

表 2-2 所列为硒纳米颗粒与硒纳米线的比表面积大小和孔径对比情况。从表中可以看出，硒纳米颗粒和硒纳米线两种材料的孔径分布均在 19～22nm 之间。硒纳米颗粒比表面积（40.6m²/g）远大于硒纳米线（28.7m²/g），且纳米颗粒的总孔体积也大于纳米线。硒纳米线与硒纳米颗粒相比，硒纳米线之间相互交叉生长，且纳米线尺寸更大，这导致硒纳米线的比表面积减小。上述结果表明，从理论上讲硒纳米颗粒相对于硒纳米线应该具有更高的汞吸附速率。

表 2-2　不同形貌硒的比表面积

样品	比表面积/m² · g⁻¹	总孔体积/cm³ · g⁻¹	孔径/nm
硒纳米颗粒	40.6	0.021	19.7
硒纳米线	28.7	0.015	21.8

2.1.2.4　晶型及成分

对硒纳米线进行拉曼光谱测试，测定参数为：激光强度 0.1%（对应能量

0.5mW），曝光时间 10s，所得结果如图 2-11 所示。从图中可以看出，硒纳米线仅在 236cm^{-1} 处出现三方硒的特征峰，这说明硒纳米线由晶态的三方硒构成。

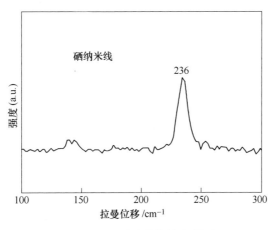

图 2-11　硒纳米线拉曼光谱图

2.1.2.5　热重

采用热重分析（TG）对硒纳米线材料进行表征，其结果如图 2-12 所示。TG 图谱结果表明，对于合成出的硒纳米线与硒纳米颗粒一样，在 20~300℃ 物质质量无明显的变化，表明其 300℃ 以下结构稳定。需要指出的是，硒纳米线热重完全挥发的温度为 550℃，而硒微米颗粒和硒纳米颗粒分别为 600℃ 和 500℃。上述结果结合不同形貌硒的晶体构成结果表明，合成的硒吸附剂的颗粒尺寸越大、结晶度越高，对应吸附剂的稳定性越高。

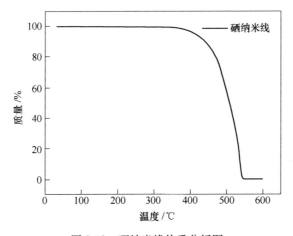

图 2-12　硒纳米线热重分析图

2.2　纳米单质硒脱汞性能研究

2.2.1　实验条件

实验条件见表2-3。性能检测主要分为以下几个部分：

（1）不同颗粒大小及不同形貌的硒吸附单质汞性能的影响。考察在纯 N_2 条件下，对比不同颗粒大小及不同形貌的硒对单质汞吸附性能的变化，选取吸附性能最优的硒材料。

（2）不同温度及不同气氛对硒吸附单质汞性能的影响。研究筛选出的最优硒材料在不同温度条件、不同烟气气氛下的穿透曲线，讨论硒对单质汞吸附过程中不同温度、气氛的影响因素。

（3）在纯 N_2 条件下，进行长时间吸附实验，通过穿透曲线进行积分拟合计算硒纳米颗粒对汞的吸附容量并进行对比。

表 2-3　实验条件

实验	吸附剂	烟气组分（600mL/min）	温度/℃
I	硒微米颗粒	N_2	14.5, 50
	硒纳米颗粒		
II	硒纳米颗粒	N_2	14.5
	硒纳米线		
III	硒纳米颗粒	N_2、$N_2+6\%O_2$、$N_2+5\%SO_2$、$N_2+6\%O_2+5\%SO_2$	14.5, 50, 100, 150
IV	硒纳米颗粒	N_2	14.5℃

注：吸附剂用量为 5mg±0.2mg，初始 Hg^0 为 $240\sim260\mu g/m^3$，平衡气为高纯 N_2。

2.2.2　脱汞性能研究

2.2.2.1　不同大小颗粒硒吸附剂对脱汞性能的影响

在实验 I （见表2-3）的条件下，比较了不同大小颗粒硒对单质汞的吸附性能，结果如图2-13所示。由图可见，当吸附温度为14.5℃时，经过硒纳米颗粒吸附后，烟气中 Hg 的浓度在 6h 内保持在 $2\mu g/m^3$ 以下，对应的脱汞效率可达 99% 以上；而经过硒微米颗粒吸附后，烟气中 Hg^0 的浓度随着吸附时间延长而逐渐下降，当吸附时间为 6h 时，烟气中 Hg^0 的浓度约为 $120\mu g/m^3$，此时对应的脱汞效率在 50% 左右。当温度升高至 50℃时，硒纳米颗粒与硒微米颗粒脱汞效率

6h 均可达到 85%以上，但硒纳米颗粒在前 4h 脱汞性能优于硒微米颗粒，随后两者基本持平。硒纳米颗粒脱汞性能在低温下明显优于硒微米颗粒，但随温度升高，其脱汞效率有所降低。文献报道了非晶型硒转化为晶态硒的相转变温度为31℃[4]，当反应温度大于其相转变温度，非晶态硒向晶态硒的相转化可能是导致汞吸附效率下降的原因。

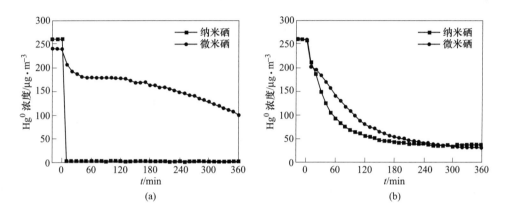

(a) (b)

图 2-13 不同大小颗粒硒对单质汞吸附性能对比图

（a）14.5℃；（b）50℃

为了证明推断，对不同温度下反应前后硒纳米颗粒的形貌通过 SEM 进行了表征分析，如图 2-14 所示，在扫描电镜下可以观察到硒纳米颗粒在 14.5℃温度下反应形貌及大小基本保持不变，但硒纳米颗粒在 50℃温度下发生了明显的变化，由纳米颗粒状转变为微米块状结构，大小增长至 50μm 左右。同时 50℃下脱汞后，硒纳米颗粒吸附剂的颜色从红色转化成黑色，这也证明了 50℃下合成的硒纳米颗粒形态发生了变化。

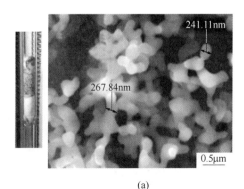

(a) (b)

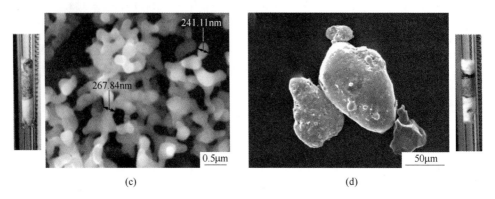

(c)　　　　　　　　　　　　　　　　(d)

图 2-14　不同温度下硒对单质汞吸附前后形貌对比图

（a）14.5℃，反应前；（b）14.5℃，反应后；（c）50℃，反应前；（d）50℃，反应后

进一步用拉曼光谱对其进行检测，结果如图 2-15 所示。根据对硒的拉曼光谱特征峰进行对比，可以得知，14.5℃温度下反应前后硒微米颗粒及硒纳米颗粒

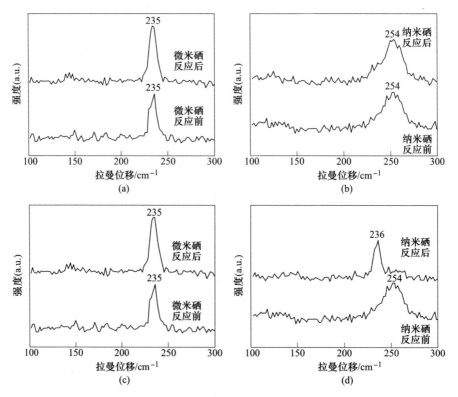

图 2-15　不同大小颗粒硒对单质汞吸附前后拉曼光谱对比图

（a）14.5℃，微米硒；（b）14.5℃，纳米硒；（c）50℃，微米硒；（d）50℃，纳米硒

的特征峰分别保持在 235cm⁻¹ 和 254cm⁻¹ 处，反应前后的晶型均未发生改变。当反应温度升高至 50℃后，反应前后硒微米颗粒晶型未发生转变，依然保持在 235cm⁻¹；而硒纳米颗粒的特征峰由反应前的 254cm⁻¹ 左移到反应后 236cm⁻¹，这表明硒纳米颗粒由反应前的非晶硒（无定型）转变成反应后的结晶硒（三方），这与扫描电镜所观察到的形貌变化是相匹配的。据此可以推断，硒由纳米球状结晶转变为微米块状结构后，其比表面积和活性位点数量减少，导致其脱汞性能变差。

对硒微米颗粒、硒纳米颗粒在 50℃下吸附反应前后的比表面积大小和孔径分布情况进行分析，其结果见表 2-4。在经过汞吸附反应后，硒微米和硒纳米材料的比表面积均减少，这可能由于吸附剂表面吸附了汞的原因。硒纳米颗粒比表面积的变化量远大于硒微米颗粒，比表面积减小量达到 20m²/g 以上，推断其主要原因是硒纳米颗粒在这个温度下的反应过程中，由于反应温度大于其相转变温度 31℃，纳米颗粒沿着晶面生长为稳定态的三方硒，其孔体积和比表面积减小。

表 2-4 不同大小颗粒硒吸附前后比表面积对比

样品	比表面积/m² · g⁻¹	总孔体积/cm³ · g⁻¹	孔径/nm
硒纳米颗粒	40. 6	0. 021	19. 7
硒纳米颗粒	25. 3	0. 012	18. 5
硒纳米 50℃吸附后	20. 4	0. 009	16. 7
硒微米 50℃吸附后	19. 7	0. 007	15. 1

2.2.2.2 不同形貌硒对脱汞性能的影响

在实验Ⅱ（见表 2-3）的条件下，对制备出的不同形貌的硒吸附剂对汞的吸附性能进行比较，其结果如图 2-16 所示。从图中可以看出，硒纳米颗粒、硒纳

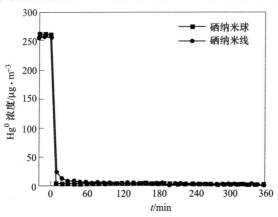

图 2-16 不同形貌硒对单质汞吸附性能对比图（14.5℃）

米线在反应温度14.5℃和反应时间6h内均可保证较高的脱汞效率，经过硒纳米颗粒或硒纳米线吸附后，烟气中Hg^0的浓度均低于$2\mu g/m^3$，对应的Hg^0的脱汞效率保持在99%以上，这表明不同形貌纳米硒吸附剂对单质汞吸附性能无较大影响。单质硒吸附剂对汞的脱除效率取决于有效活性位点与烟气汞的接触难易，纳米硒由于纳米尺寸效可暴露大量的表面硒活性吸附位点，从而实现汞的高效净化。

2.2.2.3　不同温度对脱汞性能的影响

众所周知，温度会显著影响反应效率和反应程度，为此在实验Ⅲ（见表2-4）的条件下考察了温度对硒纳米颗粒吸附性能的影响，结果如图2-17所示。由图可见，当温度为14.5℃时，反应6h内，烟气中Hg^0的浓度均保持在$2\mu g/m^3$以下，对应的脱汞效率可达到99%以上。当温度达到50℃时，烟气中Hg^0的浓度保持在$50\mu g/m^3$左右，即随着温度的上升，脱汞效率有所降低，但仍可达到80%以上。继续升高温度至100℃和150℃时，硒纳米颗粒的脱汞效率有所增加，可达到95%以上，这表明硒纳米颗粒在高温下具备较高的脱汞能力。低温下硒纳米颗粒主要以无定型物相存在，其反应高活性，对汞吸附能力强，在温度大于31℃达到50℃时，其物相开始向晶体发生转变，导致脱汞效率降低。由于硒对单质汞的吸附主要为化学吸附过程，进一步提升温度有利于晶体硒对汞的化学吸附，这也是造成高温下汞吸附性能提高的主要原因。

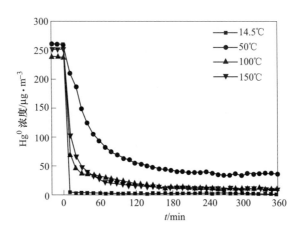

图2-17　不同温度下硒纳米颗粒对单质汞吸附性能对比图

2.2.2.4　不同烟气组分对脱汞性能的影响

在实验Ⅲ见表2-4的条件下考察了不同烟气组分对硒纳米颗粒吸附性能的影响，其结果如图2-18所示。由图2-18可知，烟气中SO_2和O_2的存在对硒纳米吸附剂的脱汞性能几乎没有影响，单独通入 5% SO_2、6% O_2 以及同时通入 5% SO_2 与 6% O_2 气氛时，硒纳米颗粒吸附剂的脱汞效率在 6h 内均稳定保持在 99% 以上。上述结果表明硒纳米颗粒具有优良的抗硫性，烟气中 SO_2 的存在对 Hg^0 吸附效率影响不大。与常规碳剂吸附剂不同，硒纳米颗粒活性位点为活性 Se，其可在高浓度 SO_2 气氛下与 Hg^0 选择性结合，从而不受烟气中 SO_2 的影响，这为高硫冶炼烟气中汞的高效捕获提供了基础。

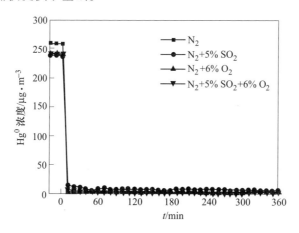

图 2-18　不同烟气组分下硒纳米颗粒对单质汞吸附性能对比图（14.5℃）

2.2.2.5　吸附容量计算及对比

用硒纳米颗粒在纯 N_2 气氛和反应温度 14.5℃ 条件下进行长时间的吸附穿透实验，将吸附剂的用量减少至 1mg，对应的吸附结果如图 2-19 所示。从图中可以看出，硒纳米颗粒仍可保持较稳定的脱汞性能。经过计算，在 48h 后，硒纳米颗

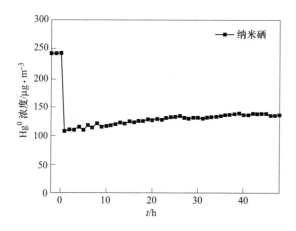

图 2-19　硒纳米颗粒 Hg^0 穿透曲线

粒对 Hg^0 的吸附穿透率为 56%，经过积分拟合计算，此时的半穿透吸附容量就可达到 198mg/g，可以推测当硒纳米颗粒完全吸附饱和时，其对 Hg^0 的饱和吸附量将远大于上述数据，其结果见表 2-5，经过与活性炭、飞灰、贵金属、硫化物等各类吸附剂的饱和吸附容量进行比较可以看出，硒是一种非常具有潜力的脱汞吸附剂。

表 2-5 硒纳米颗粒与其他吸附剂饱和吸附容量对比

吸附剂	温度/℃	烟气中汞浓度/μg·m⁻³	气氛	比表面积/m²·g⁻¹	Hg^0 吸附能力 /μg·g⁻¹
Nano Se	20	240	N_2	40.6	>198000 (56%)
CoMoS/γ-Al₂O₃[5]	50	30	N_2		45.31
Nano-ZnS[6]	180	65	N_2	196.1	>472.1
pyrrohotite FeS[6]	60	100~120	SFG	19.7	220
Calgon AC[7]	140	4860	Ar	650	40~370
CarboChem AC[8]	140	4860	Ar	900	400
Darco FGD AC[9]	23	83	Ar	547	123
	70				81
	140				约0
Norit FGD AC[10]	23	249	N_2	547	约120
	140				25
BPL AC[11]	25	110	N_2	1026	约12
	140	110			约10
	140	55	Air	900	1.5~20
AC Fiber[12]	25	40	Air	1450	约52.5
HGR AC[13]	140	55	N_2	约823	35~45
Steam-AC[14]	25	50	N_2	432	230
SIAC[15]	120	25	N_2	106	221

2.3 纳米单质硒脱汞机理探究

2.3.1 吸附产物存在形态

对未吸附汞及长时间（7d）吸附汞后的硒纳米颗粒进行了 XPS 分析。图 2-20 和表 2-6 所示分别为反应前后 Se 3d 的 XPS 图谱和对应结合能。从图中可以看出，吸附前后对应 Se $3d_{5/2}$ 的特征峰的位置从 56.13eV 移到 56.02eV。反应后 Se 3d 的特征峰位置有 0.1eV 的左移，这可能由于 HgSe 的形成造成的[16]。

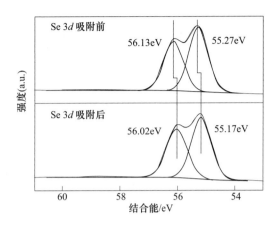

图 2-20　硒纳米颗粒吸附汞前与吸附汞后的 XPS 谱图

表 2-6　硒吸附前后 XPS 谱图对应结合能对比

硒样品	Se 3d	对应化学键
吸附前	55. 27eV	Se $3d_{5/2}$ Se—Se
	56. 13eV	Se $3d_{5/2}$ Se—Se
吸附后	55. 17eV	Se $3d_{5/2}$ Se—Se
	56. 02eV	Se $3d_{5/2}$ Se—Se

为了证实 HgSe 的形成，对吸附后的 Hg 4f 进行了 XPS 分析。从图 2-21 可知，长时间吸附汞后，样品中检测到了 Hg $4f_{5/2}$ 与 Hg $4f_{7/2}$ 特征峰。表 2-7 展示了吸附汞后硒纳米颗粒 Hg 4f 特征峰的拟合结果，在 104.68eV 和 100.86eV 出现 Hg^+ 的特征峰，在 103.71eV 和 100.5eV 出现 Hg^{2+} 的特征峰。由于烟气中没有其

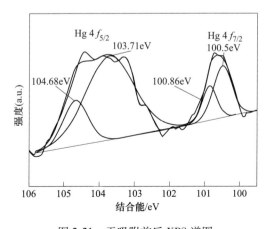

图 2-21　汞吸附前后 XPS 谱图

他成分，因此可以推测硒纳米颗粒表面的 Hg^{2+} 应为 HgSe，这与 Se 3d 峰的分析结果相符合。此外，烟气中汞与 Se 发生反应过程中也可能形成 Hg_2Se，从而导致硒纳米颗粒表面有部分 Hg^+ 的存在。上述结果表明，硒纳米颗粒吸附剂主要与气相 Hg^0 形成 HgSe，从而实现烟气中汞的高效脱除。

表 2-7　汞吸附后 XPS 谱图对应结合能

Hg 形态	Hg $4f_{5/2}$	Hg $4f_{7/2}$
Hg^+	104.68eV	100.86eV
Hg^{2+}	103.71eV	100.5eV

2.3.2　产物脱附行为

图 2-22 所示为硒纳米颗粒脱汞后的程序升温解吸测试结果。从图中可知，当解吸温度升高至150℃后，吸附剂上开始出现汞的分解，并在200℃左右形成一个分解峰。继续升高温度，从220℃开始，吸附剂上的汞开始迅速分解，但随后汞信号又迅速降低消失。经过文献调研，纯 HgSe 的主要分解温度为260℃[17]。同时根据硒的热重分析以及硒的基本性质，当温度超过220℃后硒开始大量挥发，挥发的硒在石英管尾端冷凝将分解出来的汞又一次吸附，从而造成汞信号迅速降低，从而无法检测出 HgSe 的分解峰。此外在升温实验中，当温度升高至300℃后可在后端石英管中观察到红色的硒，这也证实了上述推断。因此，虽然 Hg-TPD 没有直接检测到 HgSe 的特征峰，但也可以间接证明硒纳米颗粒吸附剂上的汞主要以 HgSe 的形式存在。

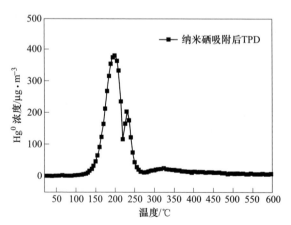

图 2-22　硒纳米颗粒吸附后的程序升温实验

综合 XPS 和 Hg-TPD 分析可以证实，吸附后的硒纳米颗粒的表面主要是生成了 HgSe，同时由于化学反应过程中电子转移的不完全，生成了部分 Hg_2Se，过程如下所示：

$$Hg^0(g) + surface \longrightarrow Hg^0(ad) \tag{2-1}$$

$$Hg^0(ad) + Se \longrightarrow HgSe(s, ad) \tag{2-2}$$

$$Hg^0(ad) + Se \longrightarrow Hg_2Se(s, ad) \tag{2-3}$$

烟气中 Hg^0 先吸附在硒纳米颗粒的表面，形成吸附态的 Hg^0（ad），再与表面的硒结合形成化学吸附状态，Hg^0（ad）与 Se 结合，最终形成稳定的 HgSe，并使其固定在吸附剂表面，这过程中由于表面硒参与反应后堵塞了电子转移的通道，因此化学吸附反应过程中电子转移不顺畅导致生成了部分 Hg_2Se。

2.4 硒负载石墨烯复合材料的制备及表征

虽然合成的单质硒吸附剂可以实现冶炼烟气中汞的高效净化，但其仍存着高温稳定性差、易分解等缺点，且使用后吸附剂难以再生重复利用。为了解决上述问题，本节拟通过硒纳米颗粒与载体有机复合的方法，提高单质硒的稳定性，进而提高单位硒纳米吸附剂的脱汞效率。石墨烯是 2004 年首次合成的新兴材料，是一种由碳原子以 sp^2 杂化轨道组成六角型呈蜂巢晶格的平面膜，是近乎理想的二维材料。近些年，围绕石墨烯及石墨烯为基底的复合材料成为研究的热点[18,19]。相比于其他材料，石墨烯复合材料在以下 4 个方面具有显著的优点：（1）良好的机械强度可有效抑制化学反应过程中的材料形变；（2）优异的导电性可提高化学反应过程中的电子传导速率；（3）较大的比表面积有利于活性物质的分散，提高化学反应速率；（4）可控制复合材料中的活性物质的生长过程，维持在纳/微米尺度，从而提高材料性能。此外，文献中也报道了石墨烯的二维结构有利于气体的传质[20]。因此，本节提出制备硒/石墨烯复合材料吸附剂，通过载体稳定化和活性物质限域的方法解决硒纳米颗粒稳定性差的问题，进而提高高温冶炼烟气中汞的脱除性能。

由于石墨烯是一种典型的二维材料，常规方法难以实现对活性物质完美的包裹。因此，本节主要从石墨烯表面和石墨烯层间内部负载两个角度考虑制备硒/石墨烯复合材料。石墨烯复合材料的制备主要方法有：水热法、气相沉积法、液相沉淀法[21~23]等。其中氧化石墨烯水热还原法可同时实现硒活性物质的还原和在石墨烯表面原位生长，从而直接形成硒纳米颗粒负载石墨烯的复合材料。基于以上考虑，在氧化石墨烯溶液的基础上，以硒代硫酸钠、亚硒酸钠作为还原剂，通过不同的氧化还原反应过程制备出不同硒负载还原氧化石墨烯（rGO）复合材料。

2.4.1 硒表面负载复合材料的制备及表征

硒代硫酸钠具备较强的还原性，在与氧化石墨烯发生氧化还原反应过程中会被氧化成单质硒，从而使单质硒原位负载在石墨烯材料上。制备步骤：将 1.58g 的单质硒粉与 2.52g 的亚硫酸钠固体一起加入三口烧瓶中，加入 80mL 去离子水，放入磁力搅拌水浴锅中，升温至 80℃，搅拌至硒粉完全溶解且溶液变为无色后停止搅拌。将溶液转移至 100mL 容量瓶中，定容至 100mL，得到 0.2mol/L 的硒代硫酸钠溶液。分别取 0.02mL（0.6%）、0.67mL（20%）、1.33mL（40%）、2mL（60%）的 0.2mol/L 硒代硫酸钠溶液于烧杯中，稀释至 25mL，在搅拌的条件下，逐滴加入 5mL 氧化石墨烯 GO（1%）溶液，然后超声分散 30min。该过程中不会出现红色硒的析出。然后将混合溶液放入 100mL 高压反应釜中，置于 200℃烘箱中加热 8~10h。待反应釜自然冷却后取出，将合成出的样品用纯水进行浸泡和洗涤，并重复浸泡和洗涤 3~4 次，以保证样品中的杂质完全清除。清洗后，将材料表面的水用滤纸吸干。最后将产物在-20℃下预冷一夜后，冷冻干燥 12h，获得 S-Se@rGO 复合材料样品。

如图 2-23 所示，在压上重 20g 的砝码后，S-Se@rGO 复合材料结构没有发生破坏，这说明通过化学还原自组装获得的复合气溶胶材料具有良好的机械强度。

(a)　　　　　　　　　　　　　　　(b)

(c)　　　　　　　　　　　　　　　(d)

图 2-23　S-Se@rGO 复合材料照片

复合材料合成机理如图 2-24 所示，氧化石墨烯（GO）因为其亲水性而能良好地分散在水相中，形成稳定的混合溶液。在 GO 经过 Na_2SeSO_3 还原后会形成疏水的还原石墨烯（rGO），还原后的石墨烯由于疏水性和层间的范德华力而相互聚集，伴随着疏水性增加与片层间吸引力的增大，最终形成紧密堆积的层状石墨烯气溶胶。在形成气溶胶的过程中，被还原形成的单质硒可以在石墨表面原位生长，并负载在 rGO 上，最终从 S-Se@rGO。

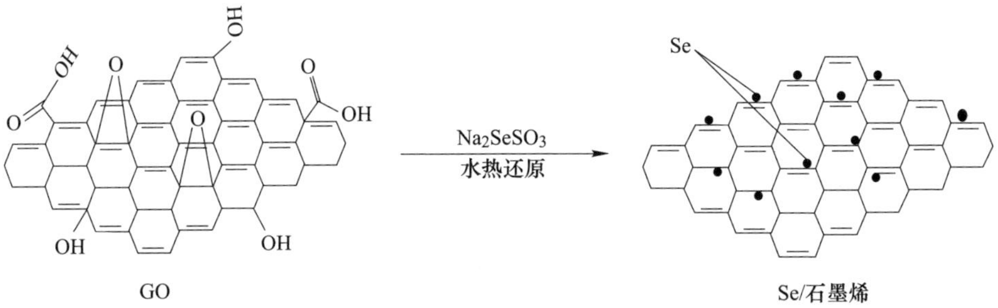

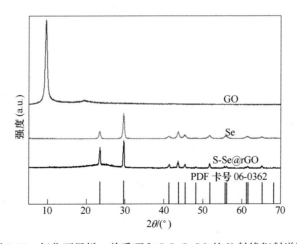

图 2-24　S-Se@rGO 复合材料合成机理

2.4.1.1　材料物相

采用 X 射线衍射对制备出的 S-Se@rGO 复合材料样品的相组成、结晶度情况进行测试，并与氧化石墨烯和单质硒的测试结果进行了对比。如图 2-25 所示，GO 其在 12.1°处有一个明显的 GO 衍射特征峰。GO 被 Na_2SeSO_3 还原脱氧后，其片层上的含氧官能团发生分解，片层之间的距离进一步减小，导致得到的 rGO 的 XRD 衍射峰会向大角度方向移动。文献中报道了 rGO 的特征衍射峰在 25°附

图 2-25　氧化石墨烯、单质硒和 S-Se@rGO 的 X 射线衍射谱图

近[24]，而 S-Se@rGO 复合材料中并没有出现 rGO 的特征峰，而在 23.5°处出现了特征峰，其对应着单质硒的特征峰。由于 rGO 和单质硒的特征峰比较接近，可以推测，rGO 在 25°的特征峰与硒在 23.5°的特征峰重叠。此外，S-Se@rGO 复合材料在 23.5°衍射峰的强度大于对应单质硒样品的衍射峰，这也证明了 rGO 特征峰与单质硒的特征峰重合。S-Se@rGO 复合材料的其他衍射峰也均与单质硒和硒的 XRD 标准卡片（JCPDF 卡号 06-0362）相一致，这些均说明单质硒已成功负载在还原氧化石墨烯材料上。

2.4.1.2 表面形貌及组成

对制备出的不同负载量 S-Se@rGO 复合材料样品、氧化石墨烯、还原氧化石墨烯的形貌通过 SEM 进行表征分析，其结果如图 2-26 所示。图 2-26（a）和（b）所示分别为氧化石墨烯 GO 及还原氧化石墨烯 rGO 的 SEM 图。从图中可以看出，氧化石墨烯为片层结构，将其水热还原制得的产物表现出了三维石墨烯结构，说明在水热反应的过程氧化石墨烯的三维形貌特征已经形成。图 2-26（c）和（d）所示分别为 60%S-Se@rGO、40%S-Se@rGO 的 SEM 照片。从图中可以看出，经过 Na$_2$SeSO$_3$ 水溶液还原氧化石墨烯后，生成的单质硒已成功负载在 rGO

(a) (b)

(c) (d)

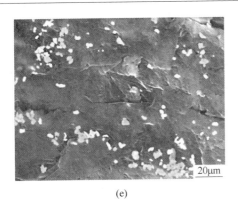
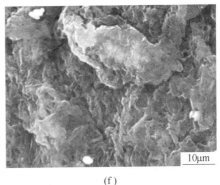

(e)　　　　　　　　　　　　　　　　　　　　(f)

图 2-26　氧化石墨烯（a）、还原氧化石墨烯（b）、60%S-Se@rGO（c）、
40%S-Se@rGO（d）和 20%S-Se@rGO（e，f）的扫描电镜图

的表面，且不同硒的负载量下得到的单质硒的形貌不同。对于 60%S-Se@rGO 样品，负载的硒以棍状为主；而 40%Se@rGO 中负载的硒分散良好，但形貌不均匀，有棍状和球状，大小范围为 1~5μm。图 2-26 中（e）和（f）所示均为 20%S-Se@rGO 的 SEM 照片，可以看出还原的单质硒也已成功负载在 rGO 的表面，且单质硒分布更加分散，颗粒大小为 1μm 左右。

对制备出的不同负载量 S-Se@rGO 复合材料样品、氧化石墨烯、还原氧化石墨烯进行 EDS 元素表征分析。从图 2-27 可知，氧化石墨烯经由还原后，表面氧含量从 7.65% 下降到 1.06%，这主要由于还原后表面含氧官能团数量减少而造成的。同时对 40%S-Se@rGO 复合材料样品上负载了硒的部分结构上选取一个点进行分析，检测得到硒的元素含量达到 75.63%，这证明了硒已经成功负载在 rGO 上。为了进一步确定硒的负载，对合成的不同负载量 S-Se@rGO 复合材料样品通过 EDS 进行了 Mapping 面扫分析，其结果如图 2-28 所示。从图中可以清楚地观察到，制备出的 S-Se@rGO 复合材料表面颗粒物主要为硒元素。

2.4.1.3　比表面积

对氧化石墨烯、还原氧化石墨烯和 20%S-Se@rGO 复合材料的比表面积大小和孔径分布情况进行测试，其结果见表 2-8。从表中可以看出，三种材料的孔径分布均在 3~4nm，氧化石墨烯和还原氧化石墨烯比表面积远大于 S-Se@rGO 复合材料，其比表面积可分别达 343.2m²/g 和 257.6m²/g，且孔隙体积也大于 S-Se@rGO 复合材料。随着单质硒在石墨烯表面的负载，部分单质硒会渗透到石墨烯表面及孔道中，导致其孔隙体积减小，比表面积减小。虽然硒的负载会降低复合材料的比表面积，但 20%S-Se@rGO 的比表面积仍可达 86.7m²/g，为烟气中汞的快速吸附提供了基础。

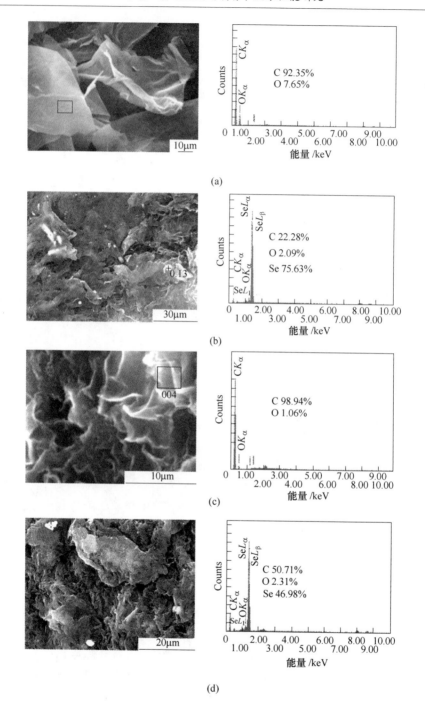

图 2-27　氧化石墨烯、还原氧化石墨烯、40%S-Se@rGO 和 20%S-Se@rGO 的 EDS 能谱图

　　（a）氧化石墨烯 GO；（b）40%S-Se@rGO；（c）还原氧化石墨烯 rGO；（d）20%S-Se@rGO

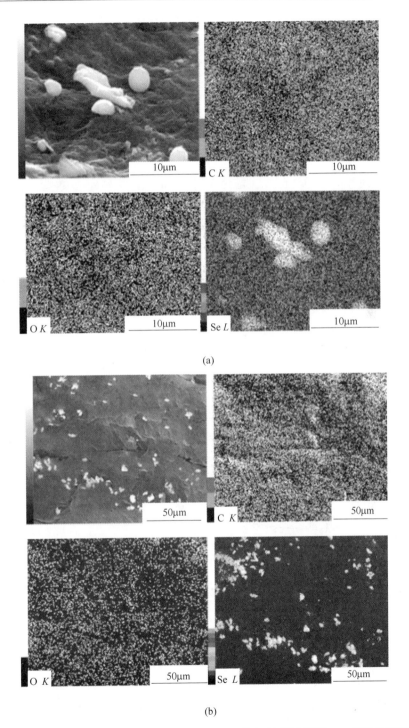

图 2-28 40%S-Se@rGO（a）和 20%S-Se@rGO（b）的 EDS 图像——元素分布图

表2-8　氧化石墨烯、还原氧化石墨烯和20%S-Se@rGO 的比表面积

样品	比表面积/$m^2 \cdot g^{-1}$	总孔体积/$cm^3 \cdot g^{-1}$	孔径/nm
GO	343.2	0.257	3.9
rGO	257.6	0.134	3.7
20%S-Se@rGO	86.7	0.032	3.2

2.4.1.4　晶型及成分

测试所使用的拉曼光谱激光为 RL532nm，拉曼测定参数为：激光强度 1%（对应能量 5mW），曝光时间 10s。图 2-29 所示为 GO、rGO、不同负载量的 S-Se@rGO 的拉曼光谱图。从图中可看出，不同样品在 $1346cm^{-1}$ 和 $1590cm^{-1}$ 位置均出现了石墨特征峰，其分别对应石墨质材料的 D 峰和 G 峰。D 峰和 G 峰的强度比（ID/IG）通常作为评价材料石墨化的一个关键。通过对比 GO 和 rGO 的 ID/IG，可以发现还原氧化石墨烯的 D 峰逐渐降低，G 峰逐渐升高。这说明随着反应过程的进行，氧化石墨烯中大量的 sp^3 杂化的碳原子被还原转化为了 sp^2 杂化的碳原子排布在石墨烯的平面内。

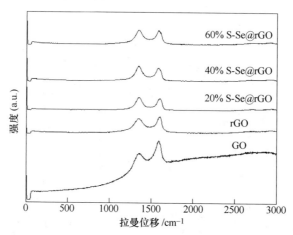

图2-29　氧化石墨烯、还原氧化石墨烯和不同负载量 S-Se@rGO 的拉曼光谱

2.4.1.5　热重

采用热重分析（TG）对还原氧化石墨烯、20%S-Se@rGO 复合材料进行表征，结果如图 2-30 所示。还原氧化石墨烯在 0~600℃ 范围内物质质量无明显的变化，这表明 rGO 在 600℃ 以内具备极高的稳定性。对于合成出的 20%S-Se@rGO 复合材料，在 0~100℃ 时有部分失重，其对应着材料中残余的水分挥发；当温度升高到 200℃ 后，复合材料开始快速失重，这主要由于复合材料中负载的单质硒挥发导致的。

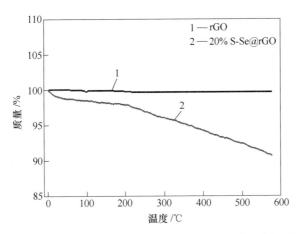

图 2-30 还原氧化石墨烯、20%S-Se@rGO 的热重分析图

2.4.2 硒内部负载复合材料的制备及表征

利用亚硒酸钠的还原性，与氧化石墨烯发生氧化还原反应过程中会生成单质硒，从而使硒负载在石墨烯材料上。制备步骤：将 0.0274g 亚硒酸钠（负载质量分数为 20%）在 95℃ 条件下溶解于 10mL 蒸馏水中。取 2g L-抗坏血酸溶于 10mL 蒸馏水获得 0.2g/mL 的抗坏血酸溶液。随后将抗坏血酸溶液在磁力搅拌的情况下一滴滴加入亚硒酸钠溶液中，溶液迅速变红。加入 1mL PDDA 于红色溶液中，超声 15min。将 50mL 氧化石墨烯溶液 GO（1%）在磁力搅拌的条件下加入混合溶液中。混合溶液加入 100mL 高压反应釜中在 180℃ 条件下水热还原反应 12h。待反应釜自然冷却后取出，将合成出的样品用纯水进行浸泡去除杂质，换水 3~4 次后，将材料表面的水用滤纸吸干。最后将产物在 -20℃ 下预冷一夜后，冷冻干燥 12h 获得硒负载还原氧化石墨烯样品。

2.4.2.1 材料物相

采用 X 射线衍射对制备出的 I-Se@rGO 复合材料样品的相组成、结晶度情况进行了测试，并与氧化石墨烯和单质硒的测试结果进行了对比，其结果如图 2-31 所示。从图中可以看出，GO 其在 12.1° 处有一个明显的衍射峰，此处正是 GO 的特征峰。与硒表面负载还原氧化石墨烯复合材料一样，GO 被 Na_2SeO_3 还原进行脱氧反应，其片层上的含氧官能团发生分解，片层之间的距离进一步减小，导致得到的 rGO 的 XRD 衍射峰移向大角度方向。同时 I-Se@rGO 复合材料的 X 射线衍射谱图在 23.5° 处出现了特征峰，与之前的 S-Se@rGO 复合材料 XRD 结果（见图 2-25）进行对比发现，内部负载的硒特征峰较弱，推测是由于硒在石墨烯材料内部导致其特征峰峰强较弱。其余位置 I-Se@rGO 复合材料的衍射峰也均与单质硒和硒的 XRD 标准卡片（JCPDF 卡号 06-0362）相一致，这些说明硒已成功负载在还原氧化石墨烯材料内。

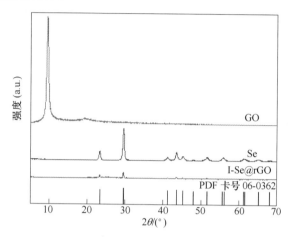

图 2-31　氧化石墨烯、单质硒和 I-Se@rGO 的 X 射线衍射谱图

2.4.2.2　表面形貌及组成

对制备出的 20%I-Se@rGO 复合材料样品与氧化石墨烯、还原氧化石墨烯及 20%S-Se@rGO 复合材料的形貌通过 SEM 进行了表征分析对比。图 2-32（a）和（b）所示分别为氧化石墨烯及还原氧化石墨烯的扫描电镜图。从图中可以看出，氧化石墨烯为片层结构，将其水热还原制得的产物表现出了三维石墨烯结构，说明在水热反应的过程中氧化石墨烯的三维形貌特征已经形成。图 2-32（c）和（d）所示分别为 20%S-Se@rGO、20%I-Se@rGO 的 SEM 照片。从中可以看出，经过 Na_2SeSO_3 在水溶液中对 GO 的还原，还原中生成的硒已成功负载在还原氧化石墨烯材料上。根据硒的负载方式不同发现，20%S-Se@rGO 复合材料上的硒成功负载在 rGO 的表面，颗粒大小为 1μm 左右；20%I-Se@rGO 复合材料上的硒成功负载在 rGO 的内部，形貌结构为线状结构，直径小于 1μm。

采用 EDS 对合成的 20%I-Se@rGO 复合材料进行 Mapping 面扫分析，其结果如图 2-33 所示。从图中可以清楚地观察到制备出的复合材料在扫描的结果中主要分布的是硒元素，且主要分布在材料内部的白色线状结构处，据此也可以判断出硒已成功负载在 rGO 材料的内部。

2.4.2.3　比表面积

采用比表面积测试仪测试了氧化石墨烯、还原氧化石墨烯、20%I-Se@rGO 复合材料的比表面积大小和孔径分布情况。经过测定结果见表 2-9，三种材料的

图 2-32 氧化石墨烯（a）、还原氧化石墨烯（b）、20%S-Se@rGO（c）
和 20%I-Se@rGO（d）的扫描电镜图

孔径分布均在 3~4nm，氧化石墨烯和还原氧化石墨烯比表面积远大于 I-Se@rGO 复合材料，比表面积可达 343.2m²/g、257.6m²/g，且孔隙体积也大于 I-Se@rGO 复合材料。随着硒在石墨烯内部的负载，部分渗透进石墨烯表面及孔道中，导致其孔隙体积减小，比表面积减小。但相较于 S-Se@rGO 复合材料，I-Se@rGO 复合材料的比表面积较大，这是由于硒主要分布在复合材料内部，其表面堵塞的部分减少，从而提升了其部分比表面积。

表 2-9 氧化石墨烯、还原氧化石墨烯和 20%I-Se@rGO 的比表面积

样品	比表面积/m²·g⁻¹	总孔体积/cm³·g⁻¹	孔径/nm
GO	343.2	0.257	3.9
rGO	257.6	0.134	3.7
20%I-Se@rGO	95.4	0.043	3.3

2.4.2.4 晶型及成分

采用同样的拉曼光谱参数对不同负载方式的复合材料进行表征：激光为

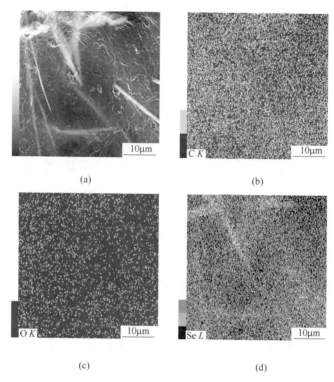

图 2-33   20%I-Se@rGO EDS 图像——元素分布图

RL532nm，拉曼测定参数为：激光强度 1%（对应能量 5mW），曝光时间 10s，其结果如图 2-34 所示。GO、rGO、20%S-Se@rGO、20%I-Se@rGO 的拉曼光谱图，均出现了位于 1346cm⁻¹ 及 1590cm⁻¹ 处的石墨的两个特征峰，分别为 D 峰和 G 峰，这与图 2-30 保持一致，说明随着反应过程的进行，氧化石墨烯中大量的 sp^3 杂化的碳原子转化为了 sp^2 杂化的碳原子排布在石墨烯的平面内。

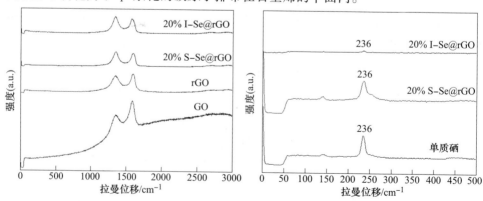

图 2-34   氧化石墨烯、还原氧化石墨烯、20%S-Se@rGO 和 20%I-Se@rGO 的拉曼光谱

为了进一步确认硒在复合材料上的结构状态，针对硒的特征峰区间对样品进行了特定区间的拉曼光谱测试。从图 2-34 中可以看出，单质硒主要的特征峰在 236cm^{-1} 处，制备出的 20%S-Se@rGO、20%I-Se@rGO 复合材料其拉曼特征峰也出现在 236cm^{-1} 处，说明复合材料上硒为三方结晶硒。同时将 I-Se@rGO 复合材料与 S-Se@rGO 复合材料的拉曼特征峰进行对比，发现内部负载的硒特征峰较弱，推测是由于硒在石墨烯材料内部导致检测时其特征峰信号弱，其峰强降低，这都与之前 XRD 测试的结果保持一致。

2.4.2.5 热重

采用热重分析对还原氧化石墨烯、20%S-Se@rGO 与 20%I-Se@rGO 复合材料进行表征，其结果如图 2-35 所示。热重图谱结果表明，还原氧化石墨烯在 0~600℃ 范围内物质质量无明显的变化，其热稳定性较强。对于合成出的 20%I-Se@rGO 复合材料，同样在 0~100℃ 时出现残余的水分挥发导致的失重，但与 20%S-Se@rGO 复合材料进行对比可以发现，20% I-Se@rGO 复合材料到达 250℃ 以上后材料才开始逐步失重，说明将其负载在石墨烯材料的内部提升了负载在复合材料中硒的温度稳定区间。

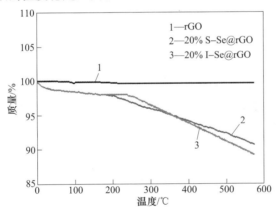

图 2-35　还原氧化石墨烯、20%S-Se@rGO 与 20%I-Se@rGO 热重分析图

2.5　硒负载石墨烯复合材料脱汞性能研究

2.5.1　实验条件

实验条件见表 2-10。性能检测主要分为以下几个部分：

（1）S-Se@rGO 复合材料吸附单质汞性能的影响。考察在同一条件下，对比不同负载量、不同温度及不同气氛对单质汞吸附性能的变化，选取吸附性能最优的复合材料。

表 2-10　实验条件

实验	吸附剂	烟气组分（600mL/min）	温度/℃
Ⅰ	S-Se@rGO 复合材料	N_2、$N_2+5\%SO_2$、$N_2+6\%O_2+5\%SO_2$	50、100、150、200
Ⅱ	I-Se@rGO 复合材料	N_2、$N_2+6\%O_2$、$N_2+5\%SO_2$、$N_2+6\%O_2+5\%SO_2$	50、100、150、200
Ⅲ	I-Se@rGO 复合材料	N_2	150

注：吸附剂用量为 5mg±0.2mg，初始 Hg^0 为 240~260$\mu g/m^3$，平衡气为高纯 N_2。

（2）I-Se@rGO 复合材料吸附单质汞性能的影响。考察在同一条件下，对比不同温度及不同气氛下汞的穿透曲线，讨论不同复合方式对单质汞吸附过程中不同温度、气氛的影响因素。

（3）在纯 N_2 条件下，对最优材料进行长时间吸附实验，通过穿透曲线进行积分拟合计算对汞的吸附容量并进行对比。

2.5.2　S-Se@rGO 复合材料脱汞性能研究

2.5.2.1　不同负载量对脱汞性能的影响

在实验 Ⅰ（见表 2-10）的条件下，比较了不同负载量 S-Se@rGO 对单质汞的吸附性能，结果如图 2-36 所示。由图可见，当还原氧化石墨烯中硒负载量较少时（低于 0.6%），吸附材料对单质汞的吸附效率不高，6h 内仅为 10% 左右。随着硒负载量的增加，单质汞脱除效率逐渐升高。当硒负载量达到 60% 时，此时烟气中 Hg^0 的浓度低至 1.0$\mu g/m^3$ 以下，即 S-Se@rGO 吸附材料对单质汞的吸附效率可达 99.9% 以上。上述结果表明，硒的负载量直接影响吸附材料的脱汞性能，

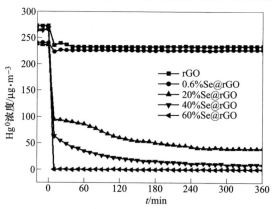

图 2-36　不同负载量 S-Se@rGO 对单质汞吸附性能对比图

增加硒的负载量可以提高材料表面活性硒的含量从而增大单质汞和硒接触的概率，从而提高单质汞的脱除效率。根据上述结果，综合脱汞效率和硒的用量考察，选取20%的负载量进行进一步探究。

2.5.2.2　不同温度对脱汞性能的影响

温度会显著影响反应效率和反应程度，为此在实验Ⅰ（见表2-10）的条件下考吸附察温度对20%S-Se@rGO复合材料吸附性能的影响，结果如图2-37所示。由图可知，当温度为50℃时，6h内，经过吸附后烟气中Hg^0的浓度保持在135μg/m^3，即Hg^0的脱汞效率仅为40%左右。当温度达到100℃时，20%S-Se@rGO复合材料的脱汞效率逐渐增加。继续升高温度至150℃时，脱汞效率继续增加，当温度最终达到200℃时，脱汞效率升高至95%以上。造成脱汞效率随温度上升的原因可能为负载在石墨烯表面的硒对单质汞的吸附仍主要为化学吸附过程，升温加快了化学吸附过程吸附反应效率，提升温度促进了这一反应过程，进一步增强了其吸附性能。

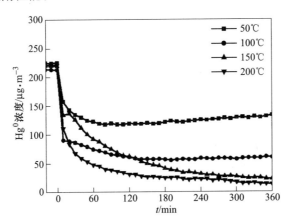

图2-37　不同温度对20%S-Se@rGO吸附单质汞性能对比图

2.5.2.3　不同烟气组分对脱汞性能的影响

在实验Ⅰ（见表2-10）的条件下考察了不同烟气组分对20%S-Se@rGO复合材料吸附单质汞性能的影响，结果如图2-38所示。由图可见，不同烟气组分对纳米硒脱汞性能有少部分影响，在纯N_2条件下反应保持稳定后，在360min处加入5%SO_2后，烟气中Hg^0的浓度开始上升，即脱汞效率有所下降，但仍可稳定保持在80%以上。上述结果表明20%S-Se@rGO复合材料具有良好的抗硫性，烟气中SO_2的存在对Hg^0吸附效率影响不大。由于负载在石墨烯材料表面的活性物质硒与Hg^0结合能力强，与SO_2结合能力弱，因此不易与SO_2反应生成其他物质而导致吸附剂失活。保持 2h 后在原有 5%SO$_2$ 的基础上继续通入 6%O$_2$，脱汞效率保持不变，所以 20%S-Se@rGO 复合材料在 SO$_2$ 与 O$_2$ 的混合气氛条件下可实现单质汞的高效吸附。

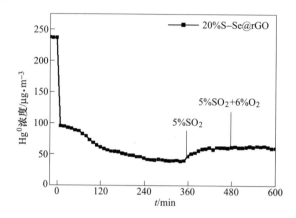

图 2-38　不同气氛对 20%S-Se@rGO 吸附单质汞性能对比图

2.5.3　I-Se@rGO 复合材料脱汞性能研究

2.5.3.1　不同温度对脱汞性能的影响

在实验 II（见表 2-10）的条件下考察了温度对 20%I-Se@rGO 复合材料吸附性能的影响，结果如图 2-39 所示。由图可见，当温度为 50℃时，6h 内，烟气中 Hg^0 的浓度保持在 185μg/m^3 以上。当温度达到 100℃时，烟气中 Hg^0 的浓度有所下降，保持在 170μg/m^3 左右，即脱汞效率有少部分增加，继续升高温度，温度

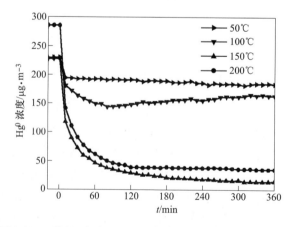

图 2-39　不同温度对 20%I-Se@rGO 吸附单质汞性能对比图

升至150℃时，烟气中 Hg^0 的浓度迅速下降，此时20%I-Se@rGO 吸附剂的脱汞效率可达到93%。当温度最终达到200℃时，脱汞效率稍微下降，但仍保持在90%以上。与20%S-Se@rGO 复合材料相比，在低温下脱汞效率降低，推测是由于负载在石墨烯内部的硒更为稳定，导致其在低温下脱汞效率更低，由于升温加快了化学吸附反应效率，促进吸附反应过程，进一步增强了其吸附性能。

2.5.3.2 不同烟气组分对脱汞性能的影响

另外，同时在实验Ⅱ（见表2-10）的条件下考察了不同气氛对 20%I-Se@rGO 吸附单质汞性能的影响，结果如图 2-40 所示。由图可见，不同气氛对 20%I-Se@rGO 脱汞性能有一定影响。在纯 N_2 气氛下，20%I-Se@rGO 吸附剂对 Hg^0 的吸附率较高，维持在90%以上。单独通入 6%O_2 时脱汞效率减小至 70%，这说明氧气的存在不利于 Hg^0 的脱除。单独通入 5%SO_2 及同时通入 5%SO_2 与 6%O_2 条件下，20%I-Se@rGO 的脱汞效率虽然有小幅度下降，但仍可保持在86%左右。上述结果表明 20%I-Se@rGO 复合材料具有良好的抗硫性，烟气中 SO_2 的存在对 Hg^0 吸附效率影响不大。由于负载在石墨烯材料内部的活性物质硒与 Hg^0 结合能力强，与 SO_2 结合能力弱，因此不易与 SO_2 反应生成其他物质而导致吸附剂失活。但 20%I-Se@rGO 复合材料在有 O_2 存在的条件下，脱汞效率有一定降低。

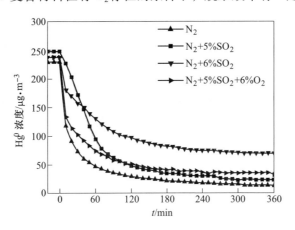

图 2-40 不同烟气组分对 20%I-Se@rGO 吸附单质汞性能对比图（150℃）

2.5.3.3 吸附容量计算及对比

用 20%I-Se@rGO 复合材料在纯 N_2 和150℃条件下进行长时间的吸附穿透实验，将吸附剂的用量减少至 1mg，20%I-Se@rGO 复合材料在 6h 内可保持较稳定的脱汞性能。如图 2-41 所示，在 12h 后，20%I-Se@rGO 复合材料对 Hg^0 的吸附穿透率为 48%，经过积分拟合计算，此时的吸附容量为 64.62mg/g，可以推测当其完全吸附饱和时，其对 Hg⁰ 的饱和吸附量将大于上述数据。在高温条件下，经过与现有活性炭、飞灰、贵金属、硫化物等各类吸附剂的饱和吸附容量进行对比可以看出，I-Se@rGO 复合材料是一种非常具有潜力的脱汞吸附剂。

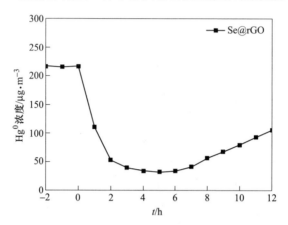

图 2-41　20%I-Se@rGO 吸附 Hg⁰ 穿透曲线（150℃）

2.6　硒/石墨烯复合材料脱汞机理探究

2.6.1　吸附产物存在形态（XPS）

对 150℃ 条件下长时间（7d）吸附单质汞后 20%S-Se@rGO 复合材料及 20%I-Se@rGO 复合材料中的 Hg 4f 进行了 XPS 分析，其结果分别如图 2-42 和图 2-43 所示。反应后，20%S-Se@rGO 复合材料及 20%I-Se@rGO 复合材料均检测到了 Hg4$f_{5/2}$ 与 4$f_{7/2}$ 特征峰。经过对其进行分峰分析，汞的两个峰分别位于

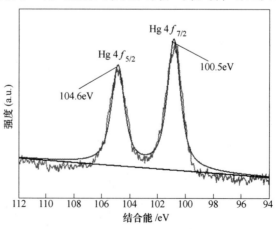

图 2-42　20%S-Se@rGO 吸附汞后的 XPS 谱图

100.5eV、100.48eV 及 104.6eV、104.61eV 处，与 HgSe 中汞的特征峰相吻合，以上结果表明汞以 HgSe 的形式吸附在了硒负载还原氧化石墨烯复合材料的表面，从而实现了吸附去除。

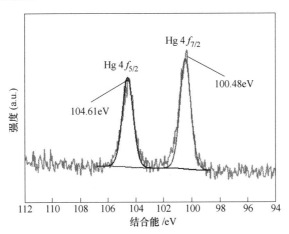

图 2-43　20%I-Se@rGO 汞吸附后的 XPS 谱图

2.6.2　产物脱附行为

如图 2-44 所示，20%I-Se@rGO 复合材料 150℃脱汞后进行程序升温实验测试，在 150℃开始大量分解，在 200℃左右存在一个分解峰，随温度的升高，220℃开始，吸附形成的硒化汞开始大量分解，但随后汞信号又迅速降低消失。硒化汞 TPD 的主要分解温度为 260℃，同时根据复合材料的热重分析以及硒的基本性质，在这一温度区间范围内复合材料中的硒部分挥发，导致其在石英管尾端

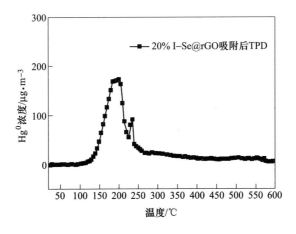

图 2-44　20%I-Se@rGO 吸附后程序升温实验

冷凝将分解出来的汞又一次吸附脱除，从而造成汞信号降低无法测得其主要的 TPD 分解峰。

综合 XPS 对吸附后汞元素赋存状态的分析以及 TPD 分析可以推测得知，吸附后的硒负载还原氧化石墨烯复合材料上主要是生成了 HgSe，相比较于硒纳米颗粒脱汞反应中由于过程中电子转移的不完全，生成少部分 Hg_2Se 来说，复合材料中由于石墨烯材料良好的导电性，加快了电子转移速率，并未有 Hg_2Se 生成，均生成了稳定 HgSe。过程如下所示：

$$Hg^0(g) + surface \longrightarrow Hg^0(ad) \tag{2-4}$$

$$Hg^0(ad) + Se \longrightarrow HgSe(s, ad) \tag{2-5}$$

烟气中 Hg^0 先吸附在硒负载还原氧化石墨烯材料的表面，形成吸附态的 $Hg^0(ad)$，再与表面或者内部的硒结合形成化学吸附状态，$Hg^0(ad)$ 与 Se 结合，最终形成稳定的 HgSe，并使其固定在吸附剂表面，这过程中石墨烯由于其良好的导电性，会加快化学吸附反应过程中电子转移速率，吸附后均生成稳定的 HgSe。

2.7　本章小结

本章合成纳米硒和单质硒复合石墨烯材料，并分别对合成的硒基吸附剂进行表征，探究吸附剂的形貌、颗粒大小、晶体结构、表面化学价态等特征，考察不同吸附剂在不同工艺条件下的脱汞性能，阐明单质汞吸附脱汞材机理，得出了以下主要结论：

（1）将本研究的 Se@rGO 复合材料与其他常见及商业吸附剂的汞饱和吸附容量进行对比，在 150℃ 温度下，复合材料具有远大于其他吸附剂的汞吸附容量，半穿透的情况下吸附量可达 64.62mg/g，且相比较于硒纳米颗粒其活性物质硒的用量降低了 5/6，对实际冶炼含汞烟气治理具有良好的应用前景。

（2）根据 Se@rGO 复合材料对汞吸附机理的研究发现，烟气中 Hg^0 先吸附在硒负载还原氧化石墨烯材料的表面，形成吸附态的 $Hg^0(ad)$，再与表面或者内部的硒结合形成化学吸附状态，$Hg^0(ad)$ 与 Se 结合，最终形成稳定的 HgSe，并使其固定在吸附剂表面，这过程中石墨烯由于其良好的导电性，会加快化学吸附反应过程中电子转移速率，吸附后均生成稳定的 HgSe。

（3）通过对比不同大小颗粒、不同形貌硒吸附单质汞的穿透曲线发现，硒纳米颗粒具有最佳的单质汞吸附性能。在常温条件下，硒纳米颗粒可保持高效稳定的吸附活性，6h 内一直维持 99.9% 以上的脱汞效率。当温度达到 50℃ 时，脱汞效率有所降低，但仍可达到 80% 以上，继续升高温度时脱汞效率增强，可达到 95% 以上，并保持稳定。不同烟气组分对纳米硒脱汞性能无较大影响，单独通入 $5\%SO_2$、$6\%O_2$ 以及同时通入 $5\%SO_2$ 与 $6\%O_2$ 脱汞效率在 6h 内均稳定保持在 99% 以上，不同烟气组分的加入对单质汞吸附性能的影响较小。

（4）将本书研究的硒纳米颗粒与其他常见及商业吸附剂的汞饱和吸附容量进行对比，硒纳米颗粒具有远大于其他吸附剂的汞吸附容量。常温下，在半穿透的情况下吸附量就可达 198mg/g，对实际冶炼含汞烟气治理具有良好的应用前景。

（5）根据硒纳米颗粒对汞吸附机理的研究发现，烟气中 Hg^0 先吸附在硒纳米颗粒的表面，形成吸附态的 $Hg^0(ad)$，再与表面的硒结合形成化学吸附状态，$Hg^0(ad)$ 与 Se 结合，最终形成稳定的 HgSe，并使其固定在吸附剂表面，这过程中由于表面硒参与反应后堵塞了电子转移的通道，化学吸附反应过程中电子转移不顺畅导致生成了少部分 Hg_2Se。

参 考 文 献

[1] Liu L, Peng Q, Li Y. Preparation of monodisperse Se colloid spheres and Se nanowires using Na_2SeSO_3 as precursor [J]. Nano Research, 2008, 1 (5)：403~411.

[2] 王润霞，张胜义，刘明珠. 抗坏血酸还原法室温固相反应制备纳米硒 [J]. 安徽师范大学学报 (自然科学版)，2004，27 (3)：302~305.

[3] Yannopoulos S N, Andrikopoulos K S. Raman scattering study on structural and dynamical features of noncrystalline selenium [J]. The Journal of Chemical Physics, 2004, 121 (10)：4747~4758.

[4] Eisenberg A. Glass transition temperatures in amorphous selenium [J]. Journal of Polymer Science Part C：Polymer Letters, 1963, 1 (4)：177~179.

[5] Zhao H, Gang Y, Xiang G, et al. Hg^0 capture over CoMoS/γ-Al_2O_3 with MoS_2 nanosheets at low temperatures [J]. Environmental Science & Technology, 2016, 50 (2)：1056~1064.

[6] Li H, Zhu L, Wang J, et al. Development of nano-sulfide sorbent for efficient removal of elemental mercury from coal combustion fuel gas [J]. Environmental Science & Technology, 2016, 50 (17)：9551~9557.

[7] Granite E J, And H W P, Hargis R A. Novel sorbents for mercury removal from flue gas [J]. Industrial & Engineering Chemistry Research, 1998, 39 (4)：1020~1029.

[8] Lee J Y, Ju Y, Keener T C, et al. Development of cost-effective noncarbon sorbents for Hg (0) removal from coal-fired power plants [J]. Environmental Science & Technology, 2006, 40 (8)：2714~2720.

[9] Krishnan S V, Gullett B K, Jozewicz W. Sorption of elemental mercury by activated carbons [J]. Environmental Science & Technology, 1994, 28 (8)：1506~1512.

[10] Vidic R D, Chang M, Thurnau R C. Kinetics of vapor-phase mercury uptake by virgin and sulfur-impregnated activated carbons [J]. Journal of the Air & Waste Management Association, 1998, 48 (3)：247~255.

[11] And W L, Vidic R D, Brown T D. Impact of flue gas conditions on mercury uptake by sulfur-

impregnated activated carbon [J]. Environmental Science & Technology, 2016, 34 (34): 154~159.

[12] Hayashi T, Lee T G, Hazelwood M, et al. Characterization of activated carbon fiber filters for pressure drop, submicrometer particulate collection, and mercury capture. [J]. Journal of the Air & Waste Management Association, 2000, 50 (6): 922~929.

[13] Liu W, Vidić R D, Brown T D. Optimization of sulfur impregnation protocol for fixed-bed application of activated carbon-based sorbents for gas-phase mercury removal [J]. Environmental Science & Technology, 1998, 32 (4): 531~538.

[14] De M, Azargohar R, Dalai A K, et al. Mercury removal by bio-char based modified activated carbons [J]. Fuel, 2013, 103 (103): 570~578.

[15] Wei Y, Yu D, Tong S, et al. Effects of H_2SO_4 and O_2 on Hg uptake capacity and reversibility of sulfur-impregnated activated carbon under dynamic conditions. [J]. Environmental Science & Technology, 2015, 49 (3): 1706~1712.

[16] Zhang J S, Gao X Y, Zhang L D, et al. Biological effects of a nano red elemental selenium [J]. Biofactors, 2001, 15 (1): 27~38.

[17] Rumayor M, Lopez-Anton M A, Díaz-Somoano M, et al. A new approach to mercury speciation in solids using a thermal desorption technique [J]. Fuel, 2015, 160: 525~530.

[18] Sun L, Kong W, Jiang Y, et al. Super-aligned carbon nanotube/graphene hybrid materials as a framework for sulfur cathodes in high performance lithium sulfur batteries [J]. Journal of Materials Chemistry A, 2015, 3 (10): 5305~5312.

[19] Xu H, Deng Y, Shi Z, et al. Graphene-encapsulated sulfur (GES) composites with a core-shell structure as superior cathode materials for lithium-sulfur batteries [J]. Journal of Materials Chemistry A, 2013, 1 (47): 15142~15149.

[20] Xu H, Qu Z, Zong C, et al. MnO_x/graphene for the catalytic oxidation and adsorption of elemental mercury [J]. Environmental science & technology, 2015, 49 (11): 6823~6830.

[21] Nuvoli D, Valentini L, Alzari V, et al. High concentration few-layer graphene sheets obtained by liquid phase exfoliation of graphite in ionic liquid [J]. Journal of Materials Chemistry, 2011, 21 (10): 3428~3431.

[22] Berger C, Song Z, Li X, et al. Electronic confinement and coherence in patterned epitaxial graphene [J]. Science, 2006, 312 (5777): 1191~1196.

[23] Kim K S, Zhao Y, Jang H, et al. Large-scale pattern growth of graphene films for stretchable transparent electrodes [J]. Nature, 2009, 457 (7230): 706~710.

[24] Zu S Z, Han B H. Aqueous dispersion of graphene sheets stabilized by pluronic copolymers: formation of supramolecular hydrogel [J]. The Journal of Physical Chemistry C, 2009, 113 (31): 13651~13657.

3 纳米金属硫化物吸附剂脱汞性能及机制研究

<<<<<<<<<<<<<<<<<<<<<<<<<<<<<<<<<<<<<<<<<<<<<<<<<<<<<<<<<

纳米材料的发展为解决环境问题提供了新的解决方案。纳米金属硫化物由于具备优异的抗硫性和高效脱汞性在烟气脱汞领域到了广泛的关注。在纳米金属硫化物颗粒中，具有多种化学计量的硫化钴（CoS、CoS_2、Co_3S_4、Co_9S_8等）是一种环保材料，而且还具有吸附、催化、电学和磁学等一些特殊的性质，相对于其他过渡金属硫化物而言，具有更高的电导率和热稳定性。MoS_2作为一种类石墨烯二维过渡金属材料近年来也受到越来越多的关注。MoS_2具有特殊的层状结构，表现出良好的润滑、催化及半导体性能，特别是纳米结构MoS_2具备比表面积大、吸附能力强等特征，其在晶体结构上表现出明显的各向异性，这为二硫化钼形成二维片层结构提供了有利条件。因此本章选取钴硫化物作为纳米颗粒金属硫化物代表，选取MoS_2作为纳米二维片层金属硫化物代表，考察不同形貌纳米金属硫化物对高硫冶炼烟气中汞的脱除效果，并阐明其对烟气中汞的捕获机理。

3.1 金属硫化物吸附剂的合成

本节分别采用液相沉淀和水热法合成了钴硫化物纳米颗粒物和二硫化钼纳米片，具体合成步骤如下：

（1）钴硫化物纳米颗粒吸附剂的合成。钴硫化物吸附剂是通过液相沉淀法合成。用去离子水配制 1mol/L 的硝酸钴溶液和配置 1mol/L 的硫化铵溶液；在40℃的磁力搅拌下，将少量 CTMAB 加入 40mL 配好的硝酸钴溶液中，持续搅拌至溶解；取 80mL 配制好的硫化铵溶液，用蠕动泵逐滴加入上述溶解的溶液中，发现生成黑色沉淀，静置 1h；将沉淀溶液进行抽滤，用去离子水和无水乙醇洗涤数次，最后放置在 70℃的真空干燥箱中 12h，获得黑色钴硫化物。最后过 0.15~0.18mm(100~80 目) 筛备用。实验研究过程中用于脱汞性能对比的四氧化三钴（Co_3O_4）是焙烧法合成的。具体合成过程为：将 5g 硝酸钴（$Co(NO_3)_2 \cdot 6H_2O$）放置在马弗炉中，以 5℃/min 的升温速率升温至 300℃，并保温焙烧 3h，最终获得黑色 Co_3O_4 样品，同样过 0.15~0.18mm(100~80 目) 筛备用。而二硫化钴（CoS_2）和椰壳活性炭（椰壳 AC）是商业购买获得。

（2）二硫化钼纳米片层吸附剂的合成。先分别称取钼酸铵 4.3mmol、硫脲 60.2mmol，在剧烈搅拌的条件下，溶于 150mL 的去离子水中（前驱物中钼硫比为1∶2）；然后将搅拌后得到的均相溶液置于200mL的高温反应釜中，在220℃的条件下水热反应24h；取反应产物分别用纯水和无水乙醇洗涤多次，以去除未反应的杂质离子，然后置于60℃条件下真空干燥12h，最终得到无缺陷纳米片层二硫化钼（Defect free-MoS$_2$，简称为DF-MoS$_2$）；其他条件不变情况下，增加硫脲含量至129mmol，过量的硫脲吸附在MoS$_2$片层晶体上，阻碍晶体连续生长，制备成富缺陷纳米片层二硫化钼（Defect rich-MoS$_2$，简称为DR-MoS$_2$）；其他条件不变，降低MoS$_2$的合成温度至180℃，使部分Mo—O—S键得以保留，从而得到层间距扩大且富缺陷的纳米片层二硫化钼（Widen interlayer spacing defect rich-MoS$_2$，简称为W-DR-MoS$_2$）。

3.2　金属硫化物吸附剂的材料特征

3.2.1　材料结构及物相组成

3.2.1.1　Co$_{1-x}$S吸附剂

采用XRD对合成的钴硫化物吸附剂的物相及晶体结构进行表征分析。图3-1所示为合成的吸附剂和商业购买的CoS$_2$粉末的XRD衍射图。

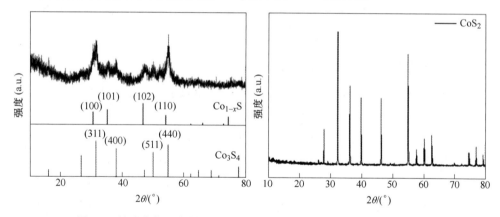

图3-1　钴硫化物吸附剂（a）和商业CoS$_2$粉末（b）X射线衍射谱图

根据表征的XRD图（见图3-1（a））推测合成的钴硫化物可能呈两种晶体结构的混合物，其中一种晶体结构的主峰位置与Co$_{1-x}$S的标准卡片（JCPDS卡号42-0826）对应，在30.5°、35.2°、46.8°和54.3°处的衍射峰分别对应（100）、（101）、（102）和（110）晶面；另外一种晶体结构的主峰位置与Co$_3$S$_4$的标准卡片（JCPDS卡号42-1448）对应，在31.4°、38.1°、50.3°和55.0°的衍射峰分别对应（311）、（400）、（511）和（440）晶面。与商业的CoS$_2$衍射图谱对比（见图3-1（b）），制备的钴硫化物的衍射图谱明显出现宽化和弥散的现象，且峰强较弱，这说明合成的钴硫化物吸附剂在不同的维度下具有纳米尺寸（10～20nm），而且具有无定型（非晶态）结构。非晶态材料比晶体或块状材料具有更大的比表面积、更多的活性位点和缺陷，因而在催化、储能和吸附等方面具有广泛的应用前景，因此，本研究合成的钴硫化物吸附剂可能具有更大的比表面积和更多的活性位点和缺陷，具有更高的活性。

3.2.1.2 MoS_2 吸附剂

采用 XRD 对 MoS_2 吸附剂进行结构表征，如图 3-2 所示，结果表明合成的二硫化钼的 XRD 衍射图谱与 MoS_2 的标准卡片（JCPDS 卡号 73-1508）相匹配。合成的二硫化钼与购买的二硫化钼粉末相比，所有的衍射峰都有明显变宽的特征，说明获得的样品在不同的维度下都表现出纳米尺寸。当温度由 220℃ 降到 180℃ 时，合成的 W-DR-MoS 在低角度区出现了两个衍射峰（002）晶面和（004）晶面，说明一个新的层状结构的产生，新的层间距由纯相 0.61nm 扩大到 0.95nm。同时发现合成温度降低时，衍射峰宽化明显，说明随着合成温度的降低，产物结晶度也降低，这与透射电镜的形貌表征一致。温度为 180℃ 条件下合成的层间距扩大且富缺陷的二硫化钼在 32° 和 57° 的宽化峰，对应纯相 $2H-MoS_2$ 的标准卡片指标为（100）面和（110）面，说明合成的二硫化钼平面内的原子排布与纯相二硫化钼的结构是一致的。然而产物在高指数晶面没有出现对应的衍射峰，说明产物的内部存在很明显的短程无序性，然而正是因为这种短程无序性才能暴露出更多的不饱和硫原子[1,2]，从而为气体单质汞的吸附氧化提供更多的活性位点。同时对 W-DR-MoS_2 样品进行拉曼分析，如图 3-3 所示，产物在 $380cm^{-1}$ 和 $405cm^{-1}$ 的位置分别出现了两个强峰，该位置处的两个峰分别对应二硫化钼结构 Mo—S 键的 A_{1g} 和 E_{2g}^1 的特征振动模式[3,4]，证明在 180℃ 条件下得到的产物为 MoS_2。

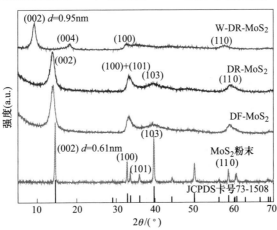

图 3-2 不同条件下合成的 W-DR-MoS_2、DR-MoS_2、

DF-MoS_2 和商业 MoS_2 粉末的 XRD 图

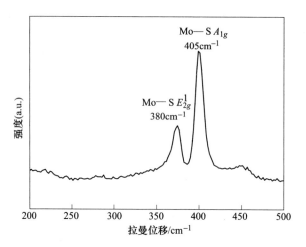

图 3-3　W-DR-MoS$_2$样品的拉曼光谱

　　硫脲作为合成片层二硫化钼的原料，其本身对单质汞的脱除产生一定的影响，为了探究合成的层间距扩大且富缺陷的纳米片层二硫化钼产物中是否存在硫脲分子，对 W-DR-MoS$_2$样品进行傅里叶红外检测，并于标准的硫脲红外特征峰进行对比，其结果如图 3-4 所示。从图中可以看出，W-DR-MoS$_2$产物并未出现硫脲对应的特征峰，说明在硫脲过量的条件下合成的产物中不存在硫脲残留的现象，因此可以排除硫脲对材料在脱汞性能的应用中的干扰。

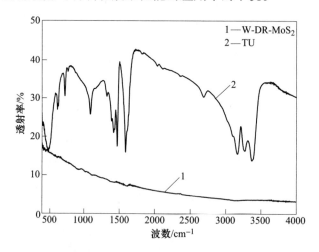

图 3-4　W-DR-MoS$_2$和硫脲的 FTIR 图

3.2.2　比表面积

　　采用 BET 分析合成的金属硫化物吸附剂的比表面积，其结果见表 3-1。测得相同尺寸（0.15~0.18mm，即（100~80目））下合成的钴硫化物吸附剂和商业购买的 CoS_2 粉末的比表面积分别为 $42.32m^2/g$ 和 $1.028m^2/g$。根据表征结果，合成钴硫化物吸附剂比表面积是商业购买的 CoS_2 粉末的 42 倍，其更容易暴露活性位点，利于 Hg^0 充分与活性位点接触，从而提高吸附剂的吸附活性。商业购买的 MoS_2 粉末的比表面积为 $3.01m^2/g$，合成的无缺陷纳米片层二硫化钼 DF-MoS_2 比表面积为 $25.72m^2/g$。可以看出纳米片层的二硫化钼比商业购买的块状粉末材料具有更大的比表面积。随着合成条件的改变，得到的富缺陷的纳米片层二硫化钼 DR-MoS_2 的比表面积为 $27.18m^2/g$，当片层之间的间距增大时，产物 W-DR-MoS_2 的比表面积也明显增加至 $38.52m^2/g$。综上分析，产物 W-DR-MoS_2 具有相对更大的比表面积，能够为单质汞的吸附过程提供更多的活性吸附位点，理论上应具备更高的脱汞性能。

表 3-1　不同样品的比表面积

样品名称	比表面积/$m^2 \cdot g^{-1}$
商业 CoS_2	1.028
$Co_{1-x}S$	42.32
商业 MoS_2	3.01
DF-MoS_2	25.72
DR-MoS_2	27.18
W-DR-MoS_2	38.52

3.2.3　微观形貌

3.2.3.1　$Co_{1-x}S$ 吸附剂

采用 SEM 和 TEM 对合成的 $Co_{1-x}S$ 吸附剂的微观形貌进行表征，其结果如图 3-5 所示。如图 3-5（a）所示，合成的钴硫化物吸附剂整体形貌多孔团聚，但其

图 3-5　钴硫化物的 SEM 图（a）和 TEM 图（b）

微观形貌为纳米级颗粒的堆积状态，且颗粒大小不均匀。采用 TEM 进一步表征 $Co_{1-x}S$ 吸附剂的微观结构和尺寸，如图 3-5（b）所示。$Co_{1-x}S$ 吸附剂由 10~20nm 的纳米颗粒堆积而成，且形成了许多孔洞。合成的 $Co_{1-x}S$ 吸附剂的纳米和多孔结构为烟气中汞的吸附创造了有利条件。

3.2.3.2　MoS_2 吸附剂

对合成的不同 MoS_2 样品进行扫描电镜 SEM 表征，结果如图 3-6 所示。从图中可以看出 $DF\text{-}MoS_2$（无缺陷的纳米二硫化钼）、$DR\text{-}MoS_2$（富缺陷的纳米二硫化钼）和 $W\text{-}DR\text{-}MoS_2$（层间距扩大且富缺陷的纳米二硫化钼）均呈片层堆积状，这是由于纳米片层的二硫化钼发生自组装，而商业二硫化钼粉末具有不规则的块状结构。从图 3-6 中可以看出，4 种材料中 $W\text{-}DR\text{-}MoS_2$ 的片层结构更为明显。随着合成条件的改变，片层结构发生了改变，如图 3-6（b）所示，无缺陷的二硫化钼层与层之间的界限表现不明显，且片层结构更为致密。合成的三种片层材料都具有超薄纳米片层结构，纳米片的尺寸为 200nm 左右，且具有波纹和褶皱。

图 3-6　不同条件下合成的 MoS_2 的 SEM 图

（a）商业 MoS_2 粉末；（b）$DF\text{-}MoS_2$；（c）$DR\text{-}MoS_2$；（d）$W\text{-}DR\text{-}MoS_2$

通过透射电镜 TEM 来进一步分析获得样品的形貌特征。如图 3-7 所示，透射
电镜图进一步证实合成的 3 种材料均具有超薄的片层结构，且片层与褶皱清晰可
见。图 3-7（e）与图 3-7（a）和（c）相比，可以发现 180℃ 条件下获得的 W-
DR-MoS$_2$纳米片层的边缘相对于 220℃ 条件下得到的 DR-MoS$_2$ 和 DF-MoS$_2$两种二
硫化钼，边缘比较模糊，这说明反应温度影响材料的结晶性，随着反应温度的降
低，材料的结晶性变差。纳米片边缘部分褶皱的 TEM 图片显示，钼硫比为 1∶2

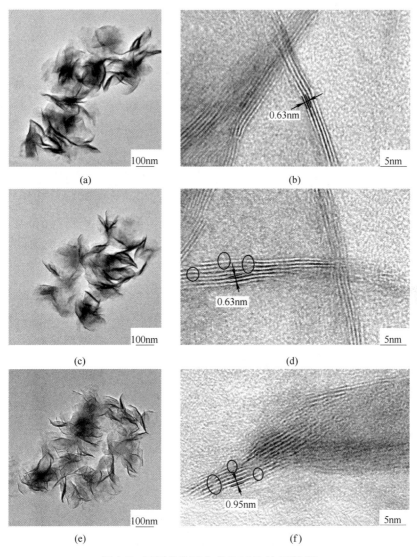

图 3-7　不同条件下合成的 MoS$_2$ 的 TEM 图

（a），（b）DF-MoS$_2$；（c），（d）DR-MoS$_2$；（e），（f）W-DR-MoS$_2$

得到的无缺陷的二硫化钼的层间距为 0.63nm，如图 3-7（b）所示。而通过增加硫脲的用量得到的二硫化钼表面存在位错和扭曲，如图 3-7（e）所示，说明合成的纳米片层为富含缺陷的二硫化钼。在保持过量的硫脲的情况下，将材料的合成温度由 220℃降为 180℃时，得到层间距扩大且富缺陷的纳米二硫化钼，如图 3-7（f）所示。纳米片层表面存在位错和扭曲的同时，片层二硫化钼的层间距由原来的 0.63nm 扩大至 0.95nm。

3.2.4　表面元素分析

3.2.4.1　$Co_{1-x}S$ 吸附剂

采用 XPS 分析合成的钴硫化物吸附剂表面化学元素的组成及价态情况。在钴硫化物吸附剂中，Co 2p 的 XPS 能谱在结合能为 778.47eV、781.43eV、785.73eV、793.60eV、797.53eV 和 802.93eV 处的特征峰分别对应 Co^{2+}、Co^{3+} 和钴的伴峰，具体如图 3-8（a）所示。图 3-8（b）中 O 1s 的在结合能为 531.58eV 和

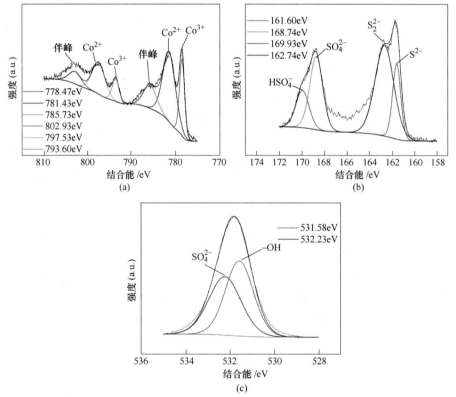

图 3-8　钴硫化物吸附剂的 XPS 能谱图

（a）Co 2p；（b）S 2p；（c）O 1s

532.23eV 处的特征峰对应的分别是—OH 和 SO_4^{2-} 中的氧。图 3-8（c）中 S $2p$ 的 XPS 能谱在结合能为 161.60eV、162.69eV、168.74eV 和 169.97eV 处的特征峰分别对应 S^{2-}、S_2^{2-}、SO_4^{2-} 和 HSO_4^-[5]。

3.2.4.2 MoS₂ 吸附剂

对合成的不同的二硫化钼材料的表面元素和含量进行分析，如图 3-9 所示。当钼硫比为 1:2，反应温度为 220℃时合成的 DF-MoS₂ 中 Mo:S=1:2.02；当钼硫比为 1:4.3，反应温度为 220℃时合成的 DR-MoS₂ 中 Mo:S=1:2.10；当钼硫比为 1:4.3，反应温度为 180℃时合成的 W-DR-MoS₂ 中 Mo:S=1:2.14。随着材料合成条件的改变，得到了缺陷和层间距扩大且富缺陷的二硫化钼，导致硫的无序度增加，而 Mo 和 S 的原子比从 1:2.02 降低至 1:2.14，则证明了产物中不饱和硫原子的数目与硫的无序度是成正比的。

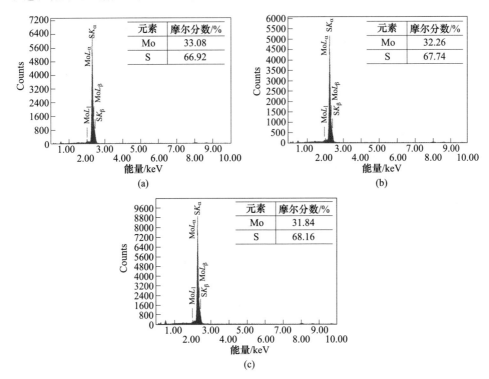

图 3-9 DF-MoS₂（a）、DR-MoS₂（b）和 W-DR-MoS₂（c）样品的 EDS 图

进一步采用 XPS 对合成产物的表面元素进行分析，结果如图 3-10 所示。温度为 220℃下合成的 DF-MoS₂ 样品中 Mo $3d$ 在结合能在 229.60eV 和 232.74eV 处出现峰，分别对应 Mo $3d_{5/2}$ 和 Mo $3d_{3/2}$ 处的特征峰，这表明合成产物中的 Mo 主要以四价形式存在。在结合能为 226.66eV 处出现的峰对应 S $2s$ 处的特征峰。同时

DF-MoS$_2$ 样品中在结合能为 234.74eV 处出现的一个微弱的峰，其对应 Mo^{6+} 的出峰位置，而六价钼的存在是由于合成产物的残余的未被还原的钼酸铵造成的。

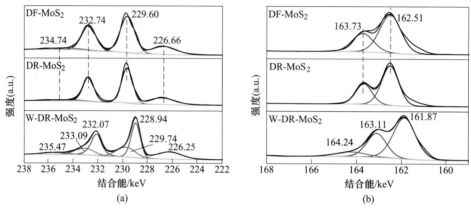

图 3-10　DF-MoS$_2$、DR-MoS$_2$ 和 W-DR-MoS$_2$ 样品的 XPS 图

（a）Mo 3d；（b）S 2p

保持反应温度不变，钼硫比从 1∶2 降低至 1∶4.3 时，得到的 DR-MoS$_2$ 样品中，Mo^{6+} 几乎被完全还原，而 Mo 3$d_{5/2}$，Mo 3$d_{3/2}$ 和 S 2s 处对应的特征峰位置基本未发生改变，说明得到的产物中 Mo 完全以四价的形式存在。当保持钼硫比为 1∶4.3，降低反应温度至 180℃ 时，获得的产物 W-DR-MoS$_2$ 中 Mo 3d 在结合能 228.94eV 和 232.07eV 处出现特征峰，其相对于 DF-MoS$_2$ 和 DR-MoS$_2$ 样品中 Mo 3$d_{5/2}$ 和 Mo 3$d_{3/2}$ 处的特征峰位置向左偏移 0.66eV 左右，但依然表现为 Mo^{4+}；在结合能为 226.25eV 处出现的峰依然对应 S 2s 处的特征峰；样品在结合能为 235.47eV 处再次出现了对应 Mo^{6+} 的特征峰，同时在结合能为 229.74eV 和 233.09eV 处出现了两个新的峰，该位置为 Mo^{5+} 的特征峰。可以发现，在低温和过量的硫存在的条件下，依然有 Mo^{6+} 的存在，同时出现了由 Mo^{6+} 向 Mo^{4+} 转变的中间过渡态 Mo^{5+}[6]。

对样品中的元素 S 进行分析，DF-MoS$_2$ 样品中 S 2p 在结合能为 162.51eV 和 163.73eV 处出现峰，分别对应 S 2$p_{3/2}$ 和 S 2$p_{1/2}$ 处的特征峰，这表明合成产物中的 S 主要以 S^{2-} 的形式存在。DF-MoS$_2$ 样品中 S^{2-} 对应的特征峰的出峰位置未发生明显改变。但是当改变反应温度得到的 W-DR-MoS$_2$ 样品中 S 2$p_{3/2}$ 和 S 2$p_{1/2}$ 处的特征峰位置向左偏移了 0.64eV 左右，但依然表现为 S^{2-}；而在结合能为 164.24eV 处产生了新峰，该峰为 S$_2^{2-}$ 对应的特征峰。XPS 对三种样品中 Mo 和 S 的含量分析得到的钼硫比与 EDS 得到的钼硫比结果见表 3-2。从表中可知，虽然 XPS 分析的钼硫原子比与 EDS 分析结果有所偏差，但是两个结果中从 DF-MoS$_2$ 到 W-DR-MoS$_2$ 样品中钼硫比均呈现了下降的趋势，说明从无缺陷二硫化钼到缺陷二硫化钼再到层间距扩大且缺陷的二硫化钼的样品合成中，不饱和硫原子的数量是逐渐增加的。

表 3-2　不同分析结果中 DF-MoS$_2$、DR-MoS$_2$ 和 W-DR-MoS$_2$ 的 Mo 与 S 原子比

样品名称	Mo 与 S 原子比（Mo：S）	
	EDS 分析结果	XPS 分析结果
DF-MoS$_2$	1：2.02	1：2.15
DR-MoS$_2$	1：2.10	1：2.22
W-DR-MoS$_2$	1：2.14	1：1.24

3.3　Co$_{1-x}$S 吸附剂吸附脱汞性能研究和机制研究

3.3.1　温度对脱汞性能的影响

本小节考察了 50℃、100℃、150℃条件下，合成的钴硫化物吸附剂在 N$_2$ 气氛中对 Hg^0 的吸附脱除效果，通过考察固定吸附时间内的脱汞效率的变化情况，获得吸附剂的最佳吸附温度窗口。

实验研究了 N$_2$ 气氛条件下 50℃、100℃、150℃时钴硫化物吸附剂 240min 的脱汞效率的变化情况。如图 3-11 所示，在 150℃时，Hg^0 的吸附脱除效率在 40min 内维持 100%。继续延长反应时间，Hg^0 吸附效率开始下降，在 240min 时下降至 10%左右，推测可能是 150℃时吸附剂表面 Hg^0 的出现解吸情况或吸附剂的纳米多孔结构发生改变而造成的。当吸附温度为 50℃和 100℃时，钴硫化物吸附剂维持 100%的 Hg^0 吸附脱除效率，而且保持 4h 不变。因此，实验证明钴硫化物吸附剂在低温条件下（50~100℃）具有高效稳定的吸附脱汞效率。

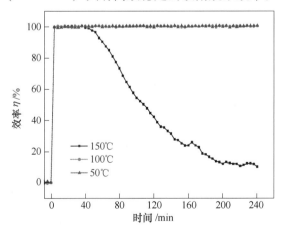

图 3-11　在 N$_2$ 气氛中不同温度条件下钴硫化物吸附剂的脱汞效率

3.3.2 O₂对脱汞性能的影响

本节研究了 50℃、100℃、150℃条件下，合成的钴硫化物吸附剂在 6% O₂气氛中 Hg⁰的吸附脱除效果，考察了固定吸附时间内（240min）的脱汞效率的变化情况，确定不同温度下 O₂对钴硫化物吸附剂脱汞性能的影响。

O₂对吸附剂脱汞性能的影响如图 3-12 所示。在 50℃时，O₂的存在并没有对吸附剂的脱汞性能产生影响，与 N₂条件下相同，在 240min 内依然维持 100% 的脱汞效率不变，而随着实验温度升高，Hg⁰的脱除效率会出现下降情况。100℃时，随着实验时间的增加，在 150min 后脱汞效率开始下降，特别是在 150℃时，实验开始脱汞效率就发生剧烈下降，40min 内下降至 10%，比在 N₂条件下的脱汞效果更差。根据实验结果推测 O₂在钴硫化物吸附剂上存在化学吸附，可能与 Hg⁰存在竞争吸附的情况。因此，随着温度升高，O₂对于钴硫化物吸附剂的脱汞性能的不利影响越明显。

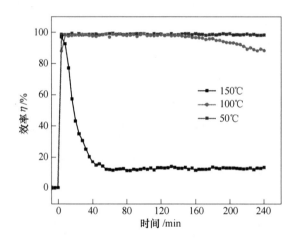

图 3-12　在 6%O₂气氛中不同温度条件下钴硫化物吸附剂的脱汞效率

3.3.3 SO₂对脱汞性能的影响

本节研究了 50℃、100℃、150℃条件下，合成的钴硫化物吸附剂在 5% SO₂和 6% O₂ + 5% SO₂气氛中 Hg⁰的吸附脱除效果，考察了固定吸附时间内（240min）的脱汞效率的变化情况，确定不同温度下 SO₂对钴硫化物吸附剂脱汞性能的影响。

SO₂对吸附剂脱汞性能的影响结果如图 3-13（a）所示。对比纯 N₂条件下的脱汞效率变化情况，在 50℃和 100℃时，Co₁₋ₓS 吸附剂的脱汞效率有下降的趋势，汞脱除效率为94%左右，但依然稳定维持240min不变；而在150℃时，吸附剂的脱汞效率变化情况与在纯N$_2$条件下相同，对Hg^{0}的吸附脱除效率在40min内维持94%，然后开始逐渐下降，在240min时下降至10%左右。因此SO$_2$对钴硫化物吸附剂的脱汞效率的影响较小。

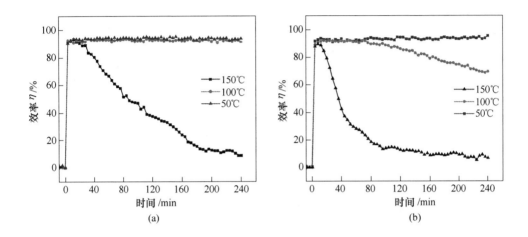

图3-13 在不同气氛中不同温度条件下钴硫化物吸附剂的脱汞效率
(a) 5%SO$_2$；(b) 6%O$_2$+5%SO$_2$

O$_2$和SO$_2$同时存在对吸附剂脱汞性能的影响如图3-13（b）所示。在反应温度为50℃时，脱汞效率与单独的SO$_2$存在时的情况相同，吸附剂的脱汞效率稍有下降，是SO$_2$的存在对吸附剂的脱汞效率稍有影响。在100℃和150℃时，脱汞效率与单独的O$_2$存在时的情况相同。100℃时，随着实验时间的增加，在80min后脱汞效率开始下降，特别是在150℃时，实验开始脱汞效率就发生剧烈下降至10%，是O$_2$的存在对吸附剂的脱汞效率产生明显的负面影响。

因此，根据以上实验结果推测烟气组分中的O$_2$对于钴硫化物吸附剂的脱汞性能产生明显不利影响，而烟气组分中的SO$_2$对钴硫化物吸附剂的脱汞效率的影响较小。总体来说，在模拟烟气吸附条件下，吸附剂在低温（<150℃）脱汞窗口具有高效的抗硫脱汞性能。

3.3.4 钴硫化物与其他吸附剂脱汞性能对比

3.3.4.1 脱汞效率

为了进一步评估钴硫化物吸附剂的脱汞性能，在50℃、6%O$_2$+5%SO$_2$的气氛条件下，对合成的钴硫化物吸附剂与椰壳活性炭（coconut AC）、CoS$_2$和合成的 Co$_3$O$_4$吸附剂进行脱汞效率的对比研究。

　　实验结果如图 3-14 所示，50℃时，在 O$_2$和 SO$_2$同时存在的气氛条件下，合成的钴硫化物吸附剂具有很高的脱汞效率（94%）。在相同实验条件下，Co$_3$O$_4$的脱汞效率在 120min 内很快下降至 60%以下，可能的原因是金属氧化物容易受SO$_2$的影响，抗硫性能较差。而商业的 CoS$_2$的脱汞效率在 240min 内下降到 70%。对比合成的钴硫化物吸附剂，商业的 CoS$_2$结晶度高和比表面积小，相对来说对Hg^{0}的吸附活性较差，进一步证明钴硫化物吸附剂的非晶态不定型结构对吸附脱除单质汞的重要作用。另外，在实验过程中、椰壳活性炭的脱汞效率维持在80%，因此，合成的钴硫化物吸附剂比金属氧化物（Co$_3$O$_4$）、椰壳活性炭和商业CoS$_2$具有更优异的脱汞性能，在高汞、高二氧化硫的冶炼烟气中具有高效脱汞潜力。

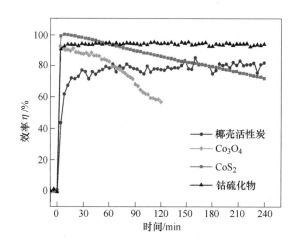

图 3-14　50℃、6%O$_2$+5%SO$_2$的气氛条件下不同吸附剂的脱汞效率对比

3.3.4.2　Hg^{0}的吸附容量

　　Hg^{0}的吸附容量也是评价吸附剂脱汞性能的重要标准。为了考察钴硫化物吸附剂对 Hg^{0}的吸附容量，在 50℃、纯 N$_2$条件下开展长时间的吸附脱汞实验。

　　如图 3-15 所示，在 50℃、纯 N$_2$条件下，吸附剂在持续吸附脱汞 57h 后脱汞效率下降至 75%，即吸附剂的穿透率为 25%，计算此时的 Hg^{0}吸附容量为2.07mg/g。

　　将钴硫化物吸附剂的 Hg^{0}吸附容量与相似的脱汞条件下其他吸附剂的 Hg^{0}吸附容量进行对比，具体情况见表 3-3。

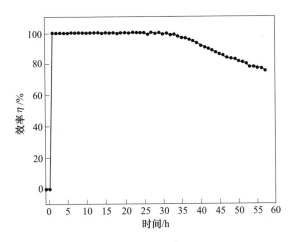

图 3-15　钴硫化物吸附剂对 Hg^0 的吸附容量（50℃）

表 3-3　不同脱汞吸附剂与钴硫化物吸附剂的 Hg^0 吸附容量的对比

吸附剂	Hg^0 吸附容量/mg·g⁻¹ （穿透率/%）	实验条件
Mn-Fe 尖晶石[7]	0.033（25）	60℃（模拟燃煤烟气）
Fe-Ti-Mn 尖晶石[8]	0.075（25）	60℃（模拟燃煤烟气）
Co-MF[9]	0.03（35）	150℃（模拟燃煤烟气）
原煤基活性炭（BPL AC）[10]	约 0.012	25℃（N₂）
烟气脱硫活性炭（FGD AC）[11]	约 0.12	23℃（N₂）
Nano-ZnS[12]	0.472（50）	180℃（N₂）
钴硫化物吸附剂	2.07（25）	50℃（N₂）

从表 3-3 中可以看出，在相同的穿透率和相近温度条件下，钴硫化物吸附剂的吸附容量是 Mn-Fe 尖晶石吸附剂的 63 倍，是 Fe-Ti-Mn 尖晶石吸附剂的 28 倍；而氧化钴负载飞灰磁层吸附剂（Co-MF）在穿透率为 35% 时的吸附容量比钴硫化物吸附剂更低，说明钴硫化物吸附剂的吸附容量远高于金属氧化物的吸附容量。而两种活性炭的饱和吸附容量也远低于钴硫化物吸附剂。而作为矿物硫化物的 Nano-ZnS 吸附剂，在半穿透（穿透率 50%）时的吸附容量也低于钴硫化物吸附剂，因此，本研究合成的 $Co_{1-x}S$ 吸附剂在吸附容量方面极具优势，推测可能的原因是其大比表面积和非晶态不定型结构导致的多缺陷。

3.3.5　钴硫化物吸附剂吸附脱汞机制

3.3.5.1　汞吸附产物的确定

为了明确吸附剂脱汞产物的存在形态，采用 Hg-TPD 识别汞形态，通过测汞仪测定 Hg^0 分解脱附浓度随温度的变化获得 TPD 曲线。由分解峰的位置确定 Hg^0 及含汞化合物在吸附剂表面的附存形态。

本研究开展了 Hg-TPD 实验。实验过程中，将 100mg 吸附剂用初始 Hg^0 浓度为 $244\mu g/m^3$ 的气氛进行预处理 1h，然后切断汞源；接着对预吸附了 Hg^0 的吸附剂进行程序升温处理，从 50℃ 升至 600℃，升温速率为 5℃/min。同时用 600mL/min 的纯 N_2 将升温过程中脱附的汞吹出通过测汞仪进行浓度检测。监测记录脱附的 Hg^0 浓度与温度之间的关系，获得 Hg-TPD 曲线如图 3-16 所示。

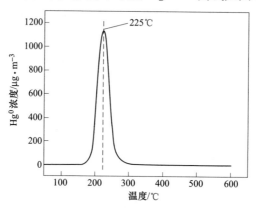

图 3-16　钴硫化物吸附剂 Hg-TPD 曲线

由图 3-16 可知，Hg-TPD 曲线在 225℃ 出现汞的特征分解脱附峰，其对应的汞物质是 HgS。上述结果表明，钴硫化物吸附剂在吸附脱汞后，表面有稳定的 HgS 生成。另外 Hg-TPD 曲线显示 Hg^0 的分解脱附从 145℃ 开始，该现象解释了在 150℃ 时吸附剂的脱汞效率下降的原因。

3.3.5.2　反应前后价态变化

为了探究钴硫化物吸附剂对 Hg^0 的吸附机理，将原始样品和在 50℃、N_2 条件吸附 4h 后的样品进行对比。脱汞后元素的 XPS 能谱和脱汞前后元素的 XPS 能谱对比图如图 3-17 所示，Co 2p、S 2p 和 O 1s 在脱汞前后峰的位置没有观察到明显变化，即在价态方面没有明显的变化；吸附剂吸附脱汞 4h 后 Hg 4f 的 XPS 如图 3-17（f）所示。Hg 4f 特征峰结合能分别为 100.77eV 和 104.39eV，对应于 HgS。因此，在吸附剂表面汞的赋存形态是 HgS。

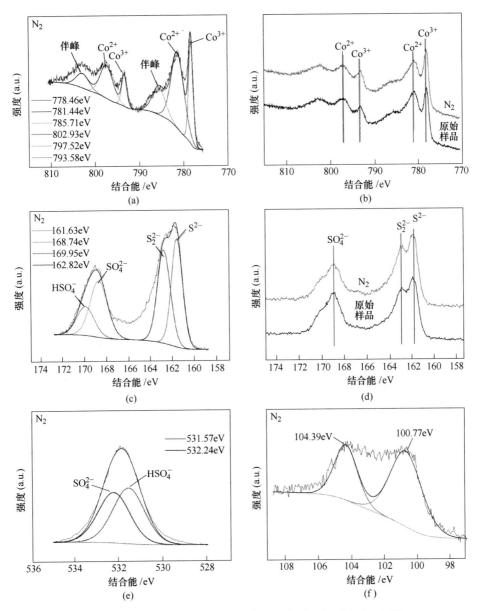

图 3-17 脱汞前后钴硫化物吸附剂 Co 2p(a 和 b)、S 2p(c 和 d)、
O 1s(e) 和 Hg 4f(f) 的 XPS 光谱

3.3.5.3 反应路径

通过 XPS 分析计算吸附剂脱汞前后元素的相对含量发现含 S 物质的相对含量有所变化，具体见表 3-4。从表中可以看出，钴硫化物吸附汞前后表面硫化物

的形态发生变化，这说明 Hg^0 的化学吸附主要与吸附剂的含 S 物质（如 S^{2-}、S_2^{2-}、SO_4^{2-} 和 HSO_4^{2-}）有关。显然，S_2^{2-} 的相对含量从脱汞前的 14.40% 下降至脱汞后的 10.45%，而 S^{2-} 的相对含量从 5.82% 增加至 8.89%，这说明物理吸附的 Hg^0 的氧化主要与吸附剂上的 S_2^{2-} 有关，这也与其他研究结果表明的 S^{2-}、SO_4^{2-} 和 HSO_4^- 不能参与氧化 Hg^0 相符合。

表 3-4   含 S 物质在吸附剂和脱汞后的吸附剂中的相对含量（原子比）

吸附剂	总 S	S^{2-}	S_2^{2-}	SO_4^{2-}
钴硫化物吸附剂	31.85	5.82	14.40	12.17
脱汞后的钴硫化物吸附剂	31.80	8.89	10.45	12.46

基于钴硫化物吸附剂结构方面的特征和 XPS、Hg-TPD 的分析结果，推理出吸附剂的脱汞机制见式（3-1）和式（3-2）。

$$Hg^0(g) + surface \longrightarrow Hg^0(ad) \tag{3-1}$$

$$Hg^0(ad) + S_2^{2-} \longrightarrow HgS(ad) + S^{2-} \tag{3-2}$$

在模拟烟气中，由于吸附剂的大比表面积、多缺陷和高活性，气态 Hg^0 首先被吸附在钴硫化物吸附剂表面，接着吸附态的 Hg^0 被吸附剂上的 S_2^{2-} 氧化形成稳定的 HgS 并吸附在吸附剂表面。

3.4   MoS₂吸附剂脱汞性能研究

3.4.1   温度对 MoS₂吸附脱汞的影响

考察了不同温度下不同 MoS_2 吸附剂对 Hg^0 的吸附效果，通过考察 Hg^0 穿透曲线的变化情况，得到固定吸附时间内的吸附容量、平均吸附效率及瞬时脱汞效率。最终可以得到吸附剂的温度操作窗口，以期在最佳温度条件下探究不同气氛对吸附性能的影响。

3.4.1.1   50℃下不同 MoS₂对单质汞的吸附作用

如图 3-18 所示，在温度 50℃下，合成的纳米 MoS_2 对 Hg^0 具有极好的吸附性能，4h 穿透率低于 1%。商业 MoS_2 对汞的吸附性能较弱，吸附 4h 后，吸附剂的穿透率达到 12.5%，且穿透曲线存在上升趋势。由于 MoS_2 粉末比表面积小，暴露出的含硫活性位点少，MoS_2 粉末对 Hg^0 的吸附容量低，在低温下容易被 Hg^0 穿透。上述结果与 Wu 等人[13] 的研究现象十分类似，通过对比碾磨的 FeS_2 矿石与商业 FeS_2 试剂的脱汞表现，发现增大 FeS_2 矿石的比表面积可以提高其脱汞能力。以上实验现象可以表明，比表面积是影响 MoS_2 脱汞性能的关键因素，并且通过增大比表面积促进 MoS_2 的脱汞能力。

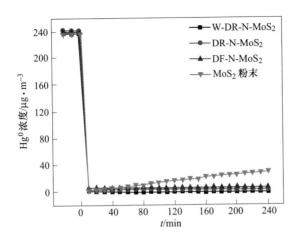

图 3-18　50℃下不同 MoS₂上 Hg⁰的穿透曲线

3.4.1.2　100℃下不同 MoS₂对单质汞的吸附作用

如图 3-19 所示，当温度升高到 100℃时，合成的纳米 MoS₂对 Hg⁰的脱除效率基本保持不变。在低温区间（50～100℃），温度对纳米 MoS₂影响不大，均能保持较好的 Hg⁰脱除效果。与文献中报道[14]对比，纳米 MoS₂的低温吸附效率相似，主要是通过表面的活性硫元素与 Hg⁰结合形成 Hg-S，低温下稳定的吸附 Hg⁰。纳米吸附剂具有很好的低温吸附性能，在50℃和100℃条件下，4h 后的汞穿透率保持在5%以下。

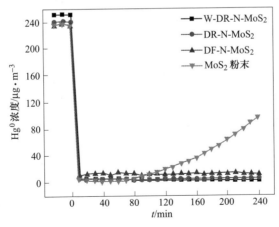

图 3-19　100℃下不同 MoS₂上 Hg⁰的穿透曲线

3.4.1.3　150℃下不同 MoS_2 对单质汞的吸附作用

如图 3-20 所示，在 150℃ 下，商业 MoS_2 吸附剂迅速失去对单质汞的吸附能力，在反应 100min 后，MoS_2 的脱汞效率基本达到稳定，穿透率达到 68.8%。对于 DR-N-MoS_2 和 DF-N-MoS_2 吸附剂，升高温度不利于 MoS_2 对 Hg^0 的吸附，吸附剂床层缓慢被穿透。纳米 MoS_2 吸附剂表面有无缺陷对汞脱除的影响不大，纳米 MoS_2 主要是通过基体表面活性硫位点与 Hg^0 结合，DR-N-MoS_2 与 DF-N-MoS_2 比表面积差别不大，相同时间内，对于 Hg^0 的脱除效率基本相同。W-DR-N-MoS_2 比表面积为 38.52m^2/g，相较未扩大层间距 MoS_2，比表面积增加，提高了活性硫与 Hg^0 的接触面积，层间距扩大可能使 Hg^0 扩散进入到层间形成较稳定的 Hg-S 结合，Hg 与层间活性硫结合提高了 W-DR-N-MoS_2 吸附容量。W-DR-N-MoS_2 吸附剂在 150℃ 下吸附床层 4h 内未被穿透。温度低于 150℃ 时，W-DR-N-MoS_2 吸附剂对 Hg^0 具有极好的吸附脱除性能。相对其他的脱汞吸附剂，W-DR-N-MoS_2 吸附剂的使用温度窗口更大，对汞的吸附效率高，具有可在实际气氛下应用的潜力。

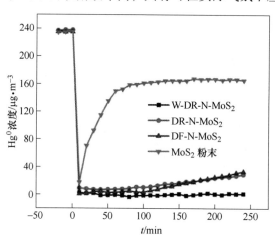

图 3-20　150℃下不同 MoS_2 上 Hg^0 的穿透曲线

3.4.1.4　200℃下不同 MoS_2 对单质汞的吸附作用

如图 3-21 所示，在 200℃ 条件下，商业 MoS_2 被迅速穿透，难以保持低温下对汞的吸附活性。在 150℃ 以下，W-DR-N-MoS_2 吸附剂的脱汞效率保持在 99.5% 以上；在 200℃ 时，W-DR-N-MoS_2 脱汞效率迅速降低，穿透曲线高于 DR-N-MoS_2 和 DF-N-MoS_2 的穿透曲线。

为了阐明制备的不同 MoS_2 的热稳定性，采用热重进行表征分析，结果如图 3-22 所示。在 100℃ 以下，不同类型 MoS_2 材料均出现明显的失重，其主要是由于

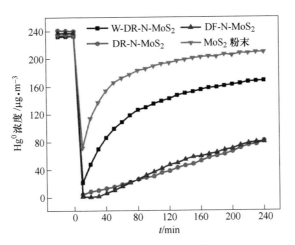

图 3-21　200℃下不同 MoS₂ 上 Hg⁰ 的穿透曲线

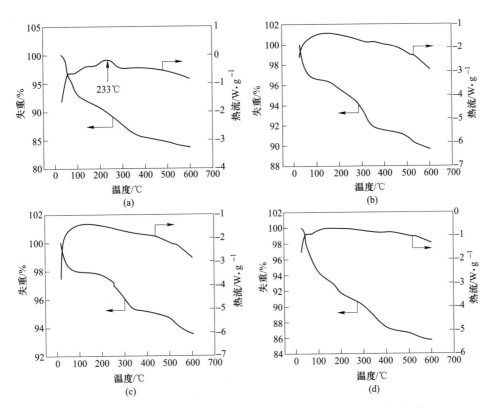

图 3-22　W-DR-N-MoS₂（a）、DR-N-MoS₂（b）、DF-N-MoS₂（c）和
商业 MoS₂（d）的热重曲线图

材料处理过程中吸附了空气中的水并在室温到 100℃ 区间迅速挥发而导致的失重。对于合成的纳米 MoS_2，在 100~200℃ 物质质量和热容无明显的变化，表明 200℃ 以下纳米 MoS_2 化学组成和结构稳定。200~300℃ 温度范围内，合成的纳米 MoS_2 部分失重，失重约为 5%，可能是由于部分的纳米 MoS_2 分解形成 S 并挥发而导致得。在高温下 MoS_2 稳定性降低，易分解，破坏表面的活性硫位点。对比其他 MoS_2 热容变化，图 3-22（a）中扩大层间距的 MoS_2 在 232.6℃ 存在最大的吸热峰，主要是由于该温度下扩大层间距的 MoS_2 发生结构转变，导致层间距减小。温度在 200℃ 以上，W-DR-N-MoS_2 结构发生变化，趋向热力学稳定的结构，层间距在该温度下减小，Hg^0 难以进入层间与活性硫接触，从而导致汞脱除效率降低。

除了 MoS_2 结构的影响，同时扩大层间距的 MoS_2 在 200℃ 有少部分的 MoS_2 分解后挥发，导致活性硫元素大量减少。另一种原因是高温抑制 S 与 Hg 之间的化学反应，由表 3-5 可知，S 与 Hg 的反应热力学参数，该反应为放热反应，且在低温下可自发进行。温度升高平衡常数 K 下降，200℃ 的 K 值相比于 100℃ 降低了 4 个数量级，化学吸附受到抑制，导致 MoS_2 对汞的吸附能力随温度升高急剧降低。

表 3-5 硫和汞反应热力学参数

温度/℃	$S(s) + Hg(g) \longrightarrow HgS(s)$	
	$\Delta G/kJ \cdot mol^{-1}$	K
50	−92.4	$3.13×10^{11}$
100	−71.5	$3.13×10^{10}$
160	−66.8	$1.15×10^{8}$
200	−62.3	$7.55×10^{6}$

DR-N-MoS_2 与 DF-N-MoS_2 在 200℃ 保持稳定的纳米层状结构，两种 MoS_2 的吸附性能基本保持一致，吸附 4h 后穿透率为 33.7%，进一步说明表面缺陷位点数目对于吸附效率的影响不大。

通过比较不同 MoS_2 对汞的吸附性能，随着反应温度升高，吸附剂对 Hg^0 的吸附性能减弱。W-DR-N-MoS_2 吸附剂在 50℃、100℃ 及 150℃ 下的吸附效率可达到 99.5% 以上；在 200℃ 时，W-DR-N-MoS_2 吸附剂迅速失活，4h 后脱除效率降为 30.1%，DR-N-MoS_2 与 DF-N-MoS_2 对 Hg^0 的吸附作用主要是通过基面暴露的活性硫元素与 Hg^0 接触，表面缺陷对吸附性能影响不大。低温吸附性能（50~150℃）：W-DR-N-MoS_2>DR-N-MoS_2≈DF-N-MoS_2>MoS_2 粉末。

在 N_2 条件下，合成的纳米 MoS_2 对 Hg^0 的吸附性能都优于商业 MoS_2 粉末。这是由于 MoS_2 纳米化后，比表面积增大，更多活性硫位点暴露，增多了其与单质汞的接触机会。低于 150℃ 时，W-DR-N-MoS_2 对汞一直保持高效的吸附能力，层间扩大的优势最大限度地暴露层间的活性硫，同时由于其高缺陷结构硫的协调不饱和位点增多，对汞的吸附量和吸附能力极大提升。

3.4.2 O$_2$对MoS$_2$吸附脱汞的影响

选取在低温吸附性能最好的 W-DR-N-MoS$_2$ 为研究对象，考察了不同温度下 O$_2$对 W-DR-N-MoS$_2$脱汞性能的影响，其结果如图 3-23 所示。

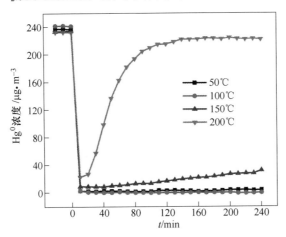

图 3-23　6%O$_2$条件下扩大层间距 MoS$_2$上 Hg^{0}穿透曲线

在 N$_2$+6%O$_2$气氛条件下，温度分别为 150℃、200℃时，吸附 4h 的穿透出的 Hg^{0}浓度分别为 32.1μg/m^3 和 221.5μg/m^3，而在纯 N$_2$条件下，出汞浓度分别为 1.1μg/m^3（见图 3-18）和 168.4μg/m^3（见图 3-21）。上述结果表明，在高温条件下，氧气的加入会导致汞的穿透率上升，即 O$_2$ 的加入抑制吸附反应的进行，其可能原因为在高温下 O$_2$优先氧化 MoS$_2$，并与表面的不饱和活性硫反应，从而消耗了反应活性位点，导致脱汞性能下降。具体反应过程如下所示：

$$\text{S-Mo-S} + \text{O}_2(\text{g}) \longrightarrow \text{S-Mo-[ ]} + \text{SO}_2(\text{g}) \tag{3-3}$$

$$\text{S-Mo-[ ]} + \text{O}_2(\text{g}) \longrightarrow \text{[ ]-Mo-[ ]} + \text{SO}_2(\text{g}) \tag{3-4}$$

$$\text{[ ]-Mo-[ ]} + 3/2\text{O}_2(\text{g}) \longrightarrow \text{MoO}_3 \tag{3-5}$$

总反应：

$$\text{S-Mo-S} + 5/2\text{O}_2(\text{g}) \longrightarrow \text{MoO}_3 + \text{SO}_2(\text{g}) \tag{3-6}$$

式中，[ ] 代表配位不饱和活性位点。

3.4.3 SO$_2$对MoS$_2$吸附脱汞的影响

图 3-24 所示为 6%O$_2$+3%SO$_2$气氛下温度对 W-DR-N-MoS$_2$脱汞性能的影响。当反应温度低于 100℃时，在不同的烟气条件下，扩大层间距的 MoS$_2$对汞的吸附效率基本接近。温度相对较低时，SO$_2$对材料的影响较小，MoS$_2$可以保持结构稳定和吸附活性。温度低于 150℃的条件下，扩大层间距的 MoS$_2$的吸附性能不受

SO₂影响，主要是由于 SO₂ 难以稳定吸附在基面暴露的活性硫位点，SO₂ 没有与 Hg⁰ 发生明显的竞争吸附，也不与纳米 MoS₂ 反应形成硫酸盐或亚硫酸盐，纳米 MoS₂ 结构保持稳定。

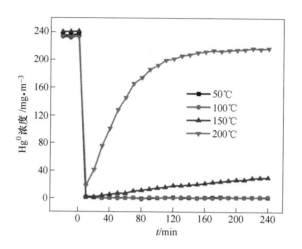

图 3-24　6%O₂+3%SO₂条件下扩大层间距 MoS₂ 上 Hg⁰ 穿透曲线

图 3-25 表明，在初始汞浓度为 240μg/m³ 左右、吸附 4h 和吸附温度 100℃ 的条件下，MoS₂ 吸附剂对 Hg⁰ 保持高效的吸附性能。在纯 N₂ 气氛下，吸附后的烟气中的 Hg⁰ 的浓度均低于 1μg/m³，同时加入 O₂ 与 SO₂ 对 MoS₂ 吸附性能影响不大。上述结果说明，低温下 SO₂ 与表面的 S 元素结合能较弱，减少了 SO₂ 发生竞争吸附的可能，因此 MoS₂ 对处理低温烟气中的单质汞具有极好的潜力。

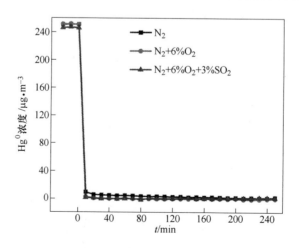

图 3-25　100℃ 下不同气氛对扩大层间距 MoS₂ 上 Hg⁰ 穿透曲线

在200℃条件下，6%O₂加入使得部分氧化表面的 MoS₂，导致表面的活性硫氧化，减弱了纳米 MoS₂的吸附性能。同时加入6%O₂+3%SO₂相对于只加入6%O₂对 Hg⁰的吸附有促进作用（见图3-26）。在 O₂与 SO₂在纳米 MoS₂表面可能发生反应形成 SO₃，SO₃与 O₂一起氧化 Hg⁰形成稳定的 HgSO₄，反应方式如下：

$$SO_2 + 1/2O_2 \Longrightarrow SO_3 \ (g, \ ad) \tag{3-7}$$

$$Hg^0(ad) + SO_3 + 1/2O_2 \ (g) \longrightarrow HgSO_4 \ (s, \ ad) \tag{3-8}$$

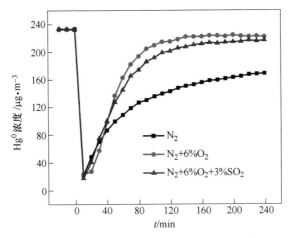

图3-26　200℃下不同气氛对扩大层间距 MoS₂上 Hg⁰穿透曲线

3.4.4　MoS₂吸附容量计算

使用 W-DR-N-MoS₂分别在纯 N₂气氛下考察50℃、100℃、150℃进行长时间汞吸附实验，结果如图3-27所示。由图可知，W-DR-N-MoS₂可保持高效的脱汞

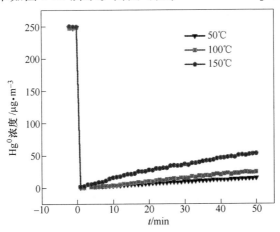

图3-27　扩大层间距 MoS₂穿透曲线

性能。通过计算得出，在 50h 内，吸附温度为 50℃、100℃、150℃ 下对应的吸附容量分别为 4.23mg/g、4.17mg/g 和 3.96mg/g。150℃ 条件下，在 50h 的穿透率为 20.8%，可以推测当 W-DR-N-MoS_2 完全吸附饱和时，其对 Hg^0 吸附量将远远大于上述数据。为了与现阶段研究的硫化物吸附剂及商业脱汞活性炭的汞吸附量进行比较，将硫化物吸附剂与商业脱汞活性炭吸附剂进行对比，结果见表 3-6。从表可知，W-DR-N-MoS_2 对汞的吸附容量远高于常规的金属硫化物和活性炭吸附剂，具备超高的汞吸附容量。

表 3-6   纳米 MoS_2 与其他吸附剂吸附容量

吸附剂	温度/℃	初始 Hg^0 浓度 /$\mu g \cdot m^{-3}$	烟气	比表面积 /$m^2 \cdot g^{-1}$	Hg^0a 吸附容量 /$\mu g \cdot g^{-1}$
W-DR-N-MoS_2	150	240	N_2	32	>3960
	100			32	>4170
	50			32	>4230
CoMoS/γ-Al_2O_3[14]	50	30	N_2		45.31
Nano-ZnS[13]	180	65	N_2	196.1	>472.1
pyrrohotite FeS[12]	60	100~120	SFG	19.7	220
Calgon AC[15]	140	4860	Ar	650	40~370
CarboChem AC[16]	140	4860	Ar	900	400
Darco FGD AC[17]	23	83	Ar	547	123
	70				81
	140				约 0
Norit FGD AC[18]	23	249	N_2	547	约 120
	140				25
BPL AC[19]	25	110	N_2	1026	约 12
	140				约 10
AC Fiber[20]	140	55	Air	900	1.5~20
	25	40	Air	1450	约 52.5
HGR AC[21]	140	55	N_2	约 823	35~45
Steam-AC[22]	25	50	N_2	432	230
SIAC[23]	120	25	N_2	106	221

3.4.5　MoS₂吸附脱汞机制

3.4.5.1　吸附产物存在形态

为了探究 W-DR-N-MoS₂ 对 Hg^0 的吸附机理，将扩大层间距 MoS₂ 原始样品和在 100℃、N₂ 条件吸附 4h 后的样品的进行 XPS 表征，结果如图 3-28 所示。从图中可以看出，汞吸附前后的 Mo 3*d* 和 S 2*p* 对应的结合能没有明显的变化，这说明 MoS₂ 对 Hg^0 吸附过程中 Mo 和 S 的化合价不会发生明显变化。通过 XPS 定量分析 Hg 含量仅为 0.0345%，吸附的汞量较少可能导致表面 Mo 和 S 价态变化难以检测。

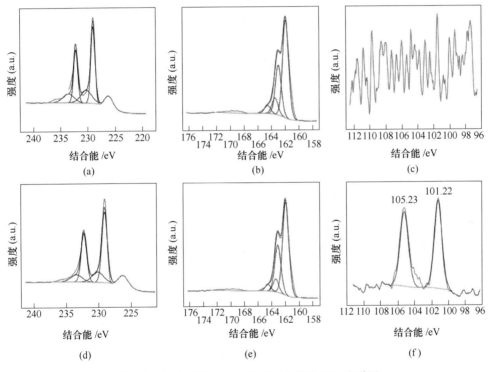

图 3-28　扩大层间距 MoS₂吸附反应前后 XPS 光谱图

（a）反应前，Mo 3*d*；（b）反应前，S 2*p*；（c）反应前，Hg 4*f*；
（d）反应后，Mo 3*d*；（e）反应后，S 2*p*；（f）反应后，Hg 4*f*

扩大层间距 MoS₂ 吸附脱汞 4h 后的 Hg 4*f* 的 XPS 结果如图 3-28（f）所示。对 Hg 4*f* 峰进行拟合后，其在 101.22eV 和 105.23eV 处出现特征峰，两个特征峰位置分别对应于 HgS 的 Hg 4*f*₇/₂ 和 Hg 4*f*₅/₂，而在吸附剂表面没有观察到 Hg^0 的峰存在，这表明汞在 MoS₂ 表面主要以 HgS 的形态存在。

3.4.5.2 吸附活性位

如图 3-29 所示，在 N_2 气氛下对 W-DR-N-MoS_2 分别进行焙烧和吸附反应预处理，处理时间均为 4h。在 100℃ 条件下，对扩大层间距的 MoS_2 进行焙烧处理，MoS_2 特征峰位置无明显变化，特征峰强度减弱。在吸附 Hg^0 后 MoS_2（002）晶面间距减小，表面 100℃ 温度条件下吸附 Hg^0 后，MoS_2（002）晶面间距减小，且对应的结晶度下降。在 100℃ 下，层间距减小与实验温度无关，吸附过程中 Hg^0 进入到扩大层间距的 MoS_2 层间与 S 接触形成 HgS。在 200℃ 的条件下，4h 焙烧和吸附处理的 MoS_2 也存在相类似的变化，表明 Hg^0 可通过扩散作用进入，W-DR-N-MoS_2 层间并发生吸附反应。

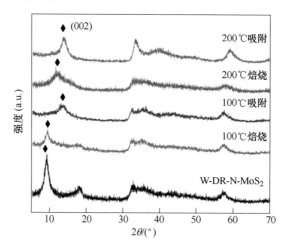

图 3-29 不同温度下焙烧及吸附处理的扩大层间距 MoS_2

为进一步证明 W-DR-N-MoS_2 层间距变化趋势，分别在 200℃、300℃、400℃ 对扩大层间距的 MoS_2 进行退火处理，处理时间都为 4h，结果如图 3-30 所示。从 200℃ 开始，随温度升高，W-DR-N-MoS_2（002）晶面特征衍射角向高角度位置移动，由布拉格方程计算可知，（002）晶面间距逐渐减小。当温度升高到 400℃ 时，W-DR-N-MoS_2 与 DR-N-MoS_2 的 XRD 谱图主峰位置基本重合，表明高温下扩大层间距会造成结构不稳定，层间距发生减小。由于这一结构变化，可能导致吸附剂吸附 Hg^0 难以扩散进入到 MoS_2 二维孔道中，从而极大地降低了 MoS_2 对汞的吸附容量。

3.4.5.3 吸附反应机制

由于吸附在 MoS_2 表面的含汞化合物含量极低，汞的赋存形态难以通过一般的检测方法分析，程序升温脱附实验（TPD）被认为是一种很有效识别汞物质的

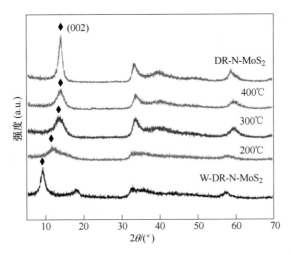

图 3-30 不同温度下焙烧处理扩大层间距 MoS₂的 XRD 图

实验方法。在热脱附过程中，不同汞化合物的键能可以由不同的分解曲线体现，因而不同汞化合物种类可由其 TPD 曲线确定，通过热解曲线可以得到汞开始释放的温度及峰值温度，并通过汞的析出规律，了解 Hg^0 及含汞化合物在 MoS₂表面的吸附形态，推测反应机制。

将不同结构的 MoS₂置于 50℃、N₂条件下吸附 1h，待吸附结束后，用 N₂作为载气，以 5℃/min 的升温速率程序升温到 600℃，监测载气中汞的含量，并得到汞的解吸曲线。

A　W-DR-N-MoS₂与 MoS₂粉末比较

如图 3-31 所示，扩大层间距的 MoS₂和商业 MoS₂粉末程序升温实验，商业 MoS₂粉末相对于纳米 MoS₂分解温度更低，在 135℃开始大量分解，在 185℃和 285℃存在两个分解峰，根据文献 [24~26]，该析出峰与 HgS 的析出峰一致，分别对应黑色 β-HgS 和红色 α-HgS。对于扩大层间距的 MoS₂对吸附剂，在 200℃以下只有微量的 Hg^0 分解，表明在 200℃以下存在极少量的物理吸附的 Hg^0，随温度的升高至 200℃，吸附形成的汞化合物开始大量分解，分解峰分别在 240℃和 330℃。上述结果表明纳米 MoS₂吸附剂吸附气态汞主要以化学吸附的形式为主，吸附汞后的纳米 MoS₂的表面主要是生成了 HgS。纳米 MoS₂吸附汞机理与 Granite 等人[27]报道的硫化物脱汞机理类似。过程如下所示：

$$Hg^0(g) + surface \longrightarrow Hg^0(ad) \qquad (3-9)$$

$$Hg^0(ad) + S\text{-}Mo\text{-}S \longrightarrow S\text{-}Mo\text{-}[S \cdot Hg] \qquad (3-10)$$

$$S\text{-}Mo\text{-}[S \cdot Hg] \longrightarrow S\text{-}Mo\text{-}[\ ] + HgS(s, ad) \qquad (3-11)$$

$$2Hg^0(ad) + S\text{-}Mo\text{-}S \longrightarrow [Hg \cdot S]\text{-}Mo\text{-}[S \cdot Hg] \qquad (3-12)$$

$$[Hg \cdot S]\text{-Mo-}[S \cdot Hg] \longrightarrow [\ ]\text{-Mo-}[\ ] + 2HgS(s, ad)$$
$$(3\text{-}13)$$

式中，[ ] 代表配位不饱和活性位点；[S·Hg] 代表化学吸附作用的化合物。

烟气中 Hg^0 先吸附在纳米 MoS_2 的表面，形成吸附态的 $Hg^0(ad)$，再与表面的活性硫结合形成化学吸附状态，$Hg^0(ad)$ 与 S 结合，最终形成稳定的 HgS，并使其固定在吸附剂表面。

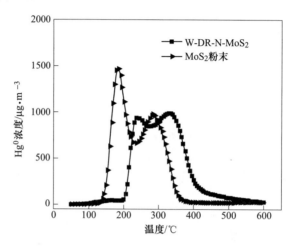

图 3-31   扩大层间距的 MoS_2 和 MoS_2 粉末程序升温实验

B   W-DR-N-MoS_2 与 DR-N-MoS_2 比较

如图 3-32 所示，W-DR-N-MoS_2 与 DR-N-MoS_2 在 200℃ 以下，存在一个较小的 Hg^0 分解峰，纳米 MoS_2 对汞存在物理吸附作用，单质汞低温下即可分解溢出。对

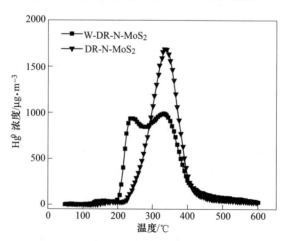

图 3-32   扩大层间距的 W-DR-N-MoS_2 和富缺陷的 DR-N-MoS_2 程序升温实验

比两者主要区别，扩大层间距富缺陷的 MoS_2 存在双峰，未扩大层间距的富缺陷的 MoS_2 仅在高温下存在一个分解峰，分解峰温度为 335℃。表明在吸附反应过程中有一部分的 Hg^0 进入到 W-DR-N-MoS_2 层间，这一部分的 Hg^0 主要形成黑色 β-HgS 在 240℃ 分解；扩大层间距的 MoS_2 和富缺陷的 MoS_2 在高温下的分解峰相近，表明在纳米 MoS_2 基面都生成了红色 α-HgS。扩大层间距的 MoS_2 对于 Hg^0 吸附容量相对于未扩大层间距的 MoS_2，存在层间的硫原子作为活性位点，具有更好的吸附容量和低温吸附性能。未扩大层间距 MoS_2 具有更好的结构稳定性，主要通过基面硫原子作为活性位进行吸附反应。基面的 S 相对于层间的 S 生成的 HgS，具有更强的高温稳定性。这可能是由于在高温下，扩大层间距的 MoS_2 结构变化，促进了 HgS 的分解。

C DR-N-MoS_2 与 DF-N-MoS_2 比较

图 3-33 所示为 DR-N-MoS_2 与 DF-N-MoS_2 程序升温曲线。从图中可知，DR-N-MoS_2 与 DF-N-MoS_2 两者的分解峰都为单峰，且峰型具有较高的对称性，这说明汞吸附产物为红色 α-HgS。相对比无缺陷 DF-N-MoS_2 吸附剂，富缺陷 DR-N-MoS_2 吸附剂对应的分解峰相对较窄，且分解峰对应的温度（340℃）更高。上述结果表明，烟气中 Hg^0 可能吸附在 DR-N-MoS_2 吸附剂上单质汞的缺陷位置，其热稳定性更高，从而导致汞在富缺陷 DR-N-MoS_2 吸附剂上的稳定性更高。

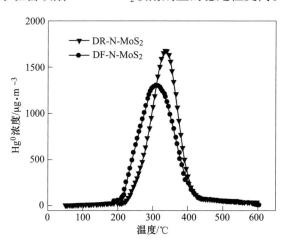

图 3-33 富缺陷 MoS_2 与无缺陷 MoS_2 程序升温曲线

3.5 本章小结

本章通过调控合成条件，分别合成了钴硫化物吸附剂和多种形态二硫化钼吸附剂，对不同吸附材料表征分析，研究其晶体结构分子特性及物化性质，考察温度和烟气组分等因素对金属硫化物吸附剂脱汞性能的影响，推断金属硫化物吸附

剂对 Hg^0 的吸附机理及汞在吸附剂表面的赋存形态。得到以下结论：

（1）合成的钴硫化物吸附剂主要由 $Co_{1-x}S$ 和 Co_3S_4 组成，粒径为 10~20nm，比表面积为 $42.32m^2/g$，存在非晶态的特征；而二硫化钼为高度分散的纳米二维片层结构，且常规二硫化钼间距为 0.64nm，扩大层间距二硫化钼层间距为 0.94nm。

（2）钴硫化物吸附剂在 5%SO_2、温度低于 150℃ 条件下的脱汞效率在 94% 以上，具有很好的抗硫性。在 50℃ 和穿透率为 25% 时，吸附量高达 2.07mg/g；扩大层间距富缺陷的 MoS_2 具有最佳的汞吸附性能，4h 内可保持 99.5% 以上的脱除效率，且 150℃ 下对汞的吸附容量高于 3.960mg/g。

（3）XPS 和 Hg-TPD 的表征证实吸附剂上钴硫化物上的 S_2^{2-} 将吸附态 Hg^0 氧化，并最终形成 HgS。

（4）扩大层间 MoS_2 利于 Hg^0 进入其内部二维孔道，利于 Hg^0 与层间的活性硫位点结合，提高汞的吸附容量。Hg-TPD 表明汞在 MoS_2 层间的吸附主要是形成黑色 β-HgS，在基面上形成红色 α-HgS。

参 考 文 献

[1] Xie J, Zhang H, Li S, et al. Defect-rich MoS_2 ultrathin nanosheets with additional active edge sites for enhanced electrocatalytic hydrogen evolution [J]. Adv Mater, 2013, 25 (40): 5807~5813.

[2] Xie J, Zhang J, Li S, et al. Controllable disorder engineering in oxygen-incorporated MoS_2 ultrathin nanosheets for efficient hydrogen evolution [J]. Journal of the American Chemical Society, 2013, 135 (47): 17881~17888.

[3] Li H, Zhang Q, Yap C C R, et al. From bulk to monolayer MoS_2: Evolution of raman scattering [J]. Advanced Functional Materials, 2012, 22 (7): 1385~1390.

[4] Sahoo S, Gaur A P S, Ahmadi M, et al. Temperature-dependent raman studies and thermal conductivity of few-layer MoS_2 [J]. The Journal of Physical Chemistry C, 2013, 117 (17): 9042~9047.

[5] Shi Z T, Kang W, Xu J, et al. Hierarchical nanotubes assembled from MoS_2-carbon monolayer sandwiched superstructure nanosheets for high-performance sodium ion batteries [J]. Nano Energy, 2016, 22: 27~37.

[6] Yan Y, Xia B, Ge X, et al. Ultrathin MoS_2 nanoplates with rich active sites as highly efficient catalyst for hydrogen evolution [J]. ACS Appl Mater Interfaces, 2013, 5 (24): 12794~12798.

[7] Liao Y, Xiong S, Dang H, et al. The centralized control of elemental mercury emission from the flue gas by a magnetic rengenerable Fe-Ti-Mn spinel [J]. Journal of Hazardous Materials, 2015, 299: 740~746.

［8］ Yang J, Zhao Y, Zhang J, et al. Regenerable cobalt oxide loaded magnetosphere catalyst from fly ash for mercury removal in coal combustion flue gas ［J］. Environmental Science & Technology, 2014, 48 (24): 14837~14843.

［9］ Vidic R D, Chang M T, Thurnau R C. Kinetics of vapor-phase mercury uptake by virgin and sulfur-impregnated activated carbons ［J］. Journal of the Air & Waste Management Association, 1998, 48 (3): 247~255.

［10］ Krishnan S V, Gullett B K, Jozewicz W. Sorption of elemental mercury by activated carbons ［J］. Environmental Science & Technology, 1994, 28 (8): 1506~1512.

［11］ Rumayor M, Somoano M, Pez-ant N M A, et al. Temperature programmed desorption as a tool for the identification of mercury fate in wet-desulphurization systems ［J］. Fuel, 2015, 148: 98~103.

［12］ Li H, Zhu L, Wang J, et al. Development of nano-sulfide sorbent for efficient removal of elemental mercury from coal combustion fuel gas ［J］. Environmental Science & Technology, 2016, 50 (17): 9551~9557.

［13］ Wu S, Ozaki M, Uddin M A, et al. Development of iron-based sorbents for Hg^0 removal from coal derived fuel gas: Effect of hydrogen chloride ［J］. Fuel, 2008, 87 (4~5): 467~474.

［14］ Zhao H, Gang Y, Xiang G, et al. Hg^0 capture over $CoMoS/\gamma-Al_2O_3$ with MoS_2 nanosheets at low temperatures ［J］. Environmental Science & Technology, 2016, 50 (2): 1056~1064.

［15］ Granite E J, Pennline H W, Hargis R A. Novel sorbents for mercury removal from flue gas ［J］. Industrial & Engineering Chemistry Research, 1998, 39 (4): 1020~1029.

［16］ Lee J Y, Ju Y, Keener T C, et al. Development of cost-effective noncarbon sorbents for Hg (0) removal from coal-fired power plants ［J］. Environmental Science & Technology, 2006, 40 (8): 2714~2720.

［17］ Krishnan S V, Gullett B K, Jozewicz W. Sorption of elemental mercury by activated carbons ［J］. Environmental Science & Technology, 1994, 28 (8): 1506~1512.

［18］ Vidic R D, Chang M, Thurnau R C. Kinetics of vapor-phase mercury uptake by virgin and sulfur-impregnated activated carbons ［J］. Journal of the Air & Waste Management Association, 1998, 48 (3): 247~255.

［19］ And W L, Vidic R D, Brown T D. Impact of flue gas conditions on mercury uptake by sulfur-impregnated activated carbon ［J］. Environmental Science & Technology, 2016, 34 (34): 154~159.

［20］ Hayashi T, Lee T G, Hazelwood M, et al. Characterization of activated carbon fiber filters for pressure drop, submicrometer particulate collection, and mercury capture. ［J］. Journal of the Air & Waste Management Association, 2000, 50 (6): 922~929.

［21］ Liu W, Vidić R D, Brown T D. Optimization of sulfur impregnation protocol for fixed-bed application of activated carbon-based sorbents for gas-phase mercury removal ［J］. Environmental Science & Technology, 1998, 32 (4): 531~538.

［22］ De M, Azargohar R, Dalai A K, et al. Mercury removal by bio-char based modified activated carbons ［J］. Fuel, 2013, 103 (103): 570~578.

［23］ Wei Y, Yu D, Tong S, et al. Effects of H$_2$SO$_4$ and O$_2$ on Hg uptake capacity and reversibility of sulfur-impregnated activated carbon under dynamic conditions. ［J］. Environmental Science & Technology, 2015, 49 (3): 1706~1712.

［24］ Rumayor M, Díaz-Somoano M, López-Antón M A, et al. Temperature programmed desorption as a tool for the identification of mercury fate in wet-desulphurization systems ［J］. Fuel, 2015, 148: 98~103.

［25］ Uddin M A, Ozaki M, Sasaoka E, et al. Temperature-programmed decomposition desorption of mercury species over activated carbon sorbents for mercury removal from coal-derived fuel gas ［J］. Energy & Fuels, 2009, 23 (23): 3610~3615.

［26］ Lopez-Anton M A, Perry R, Abad-Valle P, et al. Speciation of mercury in fly ashes by temperature programmed decomposition ［J］. Fuel Processing Technology, 2011, 92 (3): 707~711.

［27］ Hutson N D, Krzyzynska R, Srivastava R K. Simultaneous removal of SO$_2$, NO$_x$, and Hg from coal flue gas using a NaClO$_2$-enhanced wet scrubber ［J］. Industrial & Engineering Chemistry Research, 2008, 47 (16): 5825~5831.

4 磁性硒硫铁复合材料的制备和吸附脱汞性能研究

>>>

　　黄铁矿（FeS_2）是一种廉价的过渡金属硫化物，并且广泛存在于冶炼矿物中，对重金属表现出优异的吸附性能。硫对汞元素有很高的亲和力，因此烟气中 Hg^0 可以与 FeS_2 表面的活性硫反应形成稳定的 HgS，从而实现烟气中汞的脱除[1]。此外，黄铁矿还可以在高温惰性条件下分解为磁黄铁矿，磁黄铁矿易于回收，可以通过添加外部磁场来进行分离。考虑到这些优势，使用黄铁矿作为吸附剂从工业烟气中捕获 Hg^0 是经济可行的。但由于自然界中黄铁矿比表面积低，导致其对 Hg^0 的吸附量较小，且工作温度窗口小，高温下对汞吸附性能显著下降，这些缺点严重限制了黄铁矿吸附剂的广泛应用[2]。针对上述问题，本章提出制备磁性硒硫铁复合吸附材料，利用硒硫复合协同效应，提高高温下吸附剂对汞的捕获性能[3]。本章将详细介绍制备的硒硫复合材料的特征，研究高硫气氛下复合材料对 Hg^0 的捕获性能，阐明汞选择性捕获的机理，并评价复合吸附剂循环使用性能。

4.1 硒硫铁复合吸附材料制备和实验系统

4.1.1 硒掺杂改性金属硫化物的制备

　　采用溶剂热法制备不同硒负载量的 FeS_xSe_y 吸附剂。具体过程为：分别取 2mmol $FeSO_4 \cdot 7H_2O$、2mmol 抗坏血酸和 1mmol 尿素，将上述试剂溶于 60mL 乙二醇中，并将该混合溶液以 500rpm/min 的速度持续搅拌 30min 以上，得到均匀的溶液。然后向上述溶液中加入一定量的硫脲和 $Na_2SeO_3 \cdot 5H_2O$，并超声处理 30min，得到均匀的悬浮液。将所得悬浮液转移至不锈钢高压釜中，并在 180℃ 下反应 15h。反应结束后，冷却至室温，通过离心分离收集沉淀产物，并用二硫化碳和无水乙醇洗涤多次，以去除沉淀产物中为反应的单质硒硫和其他杂质。最后，将收集的产物在真空烘箱中在 80℃ 下干燥 12h。整个实验过程中，加入硫脲和 $Na_2SeO_3 \cdot 5H_2O$ 的总质量为 4mol，控制加入 Se/S 比例分别为 0、0.15、0.3、0.6 和 2，通过调节添加 Se/S 比例，获得不同硒质量分数的 FeS_xSe_y 复合吸附剂。合成复合材料后，采用电感耦合等离子体发射光谱（ICP-OES）测定合成复合材料中硒和硫的含量，最终确定加入 Se/S 比例分别为 0、0.15、0.3、0.6 和 2 情况下得到的复合产物分别为 $FeS_{1.38}$、$FeS_{1.32}Se_{0.11}$、$FeS_{1.24}Se_{0.28}$、$FeS_{1.18}Se_{0.47}$ 和 $FeSe_2$。

4.1.2　复合材料吸附汞系统

为了评价制备硒硫铁复合吸附材料对气态汞的捕获性能，本实验采用模拟固定床吸附系统，具体如图 4-1 所示。评价汞捕获性能过程中，采用汞渗透管作为汞源，利用高纯 N_2 作为载气，获得标准含汞气体。将标准含汞气体与 N_2、O_2、SO_2 和 H_2O 混合，配置不同成分的模拟烟气。配置好的模拟烟气的总流速控制为 600mL/min。整个气路使用聚四氟乙烯管链接，并在外部套上加热袋，控制管路温度为 80℃，以避免模拟烟气中 Hg^0 在内壁上的吸附和水蒸气的冷凝。每次实验过程中，将 20mg 制备的硒硫铁复合物样品和 150mg 石英石混合均匀，然后将其加入石英管的中部，两端用石英棉固定。将含有吸附剂的石英管放入管式炉控制吸附反应的温度，并向其中通入配置好的模拟烟气。吸附后的烟气，通过汞分析仪（RA-915M，Lumex）连续记录烟气中 Hg^0 浓度。检测后的尾气使用 5%$KMnO_4$ 溶液和活性炭吸附尾气中的 SO_2 和 Hg^0，避免对有害气体的排放。

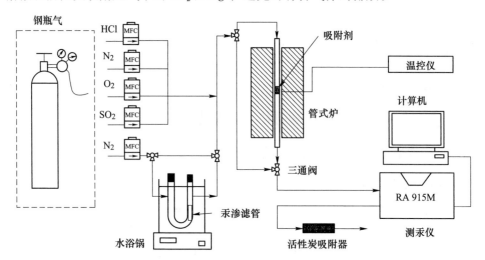

图 4-1　评价复合吸附剂从模拟冶炼烟气捕获 Hg^0 的实验系统示意图

在每次测试之前，测量高纯氮气载出的汞的初始值，当其达到 $130\mu g/m^3$ 左右且波动幅度为小于 1%后认为烟气中汞的达到稳定，之后进行汞吸附性能测试。制备的硒硫铁复合吸附剂对烟气中汞的吸附效率和饱和吸附容量分别采用式（4-1）和式（4-2）来表示：

$$\eta = \frac{\Delta C}{C_{inlet}} = \frac{C_{inlet} - C_{outlet}}{C_{inlet}} \tag{4-1}$$

$$q = \frac{vC_{\text{inlet}}\int_0^{t_b}\eta\mathrm{d}t}{W}$$ (4-2)

式中，ΔC 表示入口和出口 Hg^0 浓度差，$\mu g/m^3$；v 是气体流速，$m^3/\min$；t_b 是捕获 Hg^0 突破阈值 10% 时的穿透时间，$\min$；W 是吸附剂的质量，g。

4.2 硒硫铁复合吸附剂材料表征

4.2.1 XRD 表征

采用 XRD 分析合成的 $FeS_{1.37}$、$FeS_{1.32}Se_{0.11}$、$FeS_{1.24}Se_{0.28}$、$FeS_{1.18}Se_{0.47}$ 和 $FeSe_2$ 样品，其结果如图 4-2 所示。从图 4-2 中可知，$FeS_{1.38}$ 和 $FeSe_2$ 样品的 XRD 图谱分别与硫复铁矿的标准卡片（Fe_3S_4，JCPDF 卡号 16-0713）和白硒铁矿（$FeSe_2$，JCPDF 卡号 21-0432）相匹配，这结果也与化学元素分析相接近。对于 $FeS_{1.32}Se_{0.11}$、$FeS_{1.24}Se_{0.28}$ 和 $FeS_{1.18}Se_{0.47}$ 样品，其主要以硫复铁矿物相为主。在较低的 Se/S 比下，随着吸附剂中 Se/S 的增加，硫复铁矿（400）晶面对应的峰（位于 36°左右）有轻微地向低角度的偏移趋势。为了更加明显的观察，将 36°附近的峰放大（见图 4-3），可以发现，（400）特征峰发生左移，其原因可能是由于较大的硒原子取代了硫的晶格而造成的。在较高的 Se/S 比下，白硒铁矿对应的特征峰逐渐出现，这表明复合材料物相逐渐从硫复铁矿向白硒铁矿发生转变。此外，合成复合硒硫铁复合材料的晶格峰强度低，且弥散峰强度高，这些也证明了制备的 FeS_xSe_y 复合材料的粒径小、晶度低、表面积大，这显然有利于对汞的吸附。

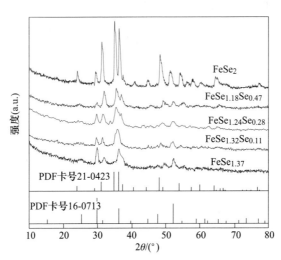

图 4-2 合成不同硒负载量 FeS_xSe_y 复合吸附剂的 XRD 图谱

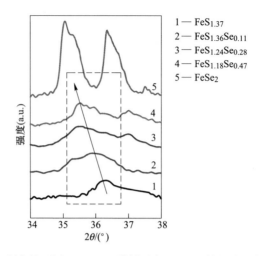

图 4-3　制备的不同 FeS_xSe_y 吸附剂对应（400）特征峰的变化图谱

4.2.2　Raman 表征

为了进一步确定合成的硒硫铁复合物的晶体结构，采用 Raman 技术对不同硒负载量吸附剂进行表征，其结果如图 4-4 所示。对于 $FeS_{1.37}$ 样品，在 $340cm^{-1}$ 和 $376cm^{-1}$ 处出现两个特征峰，分别对应于 Fe—S 键的 E_g 和 A_g 的振动峰。对于 $FeSe_2$ 样品，在 $182.2cm^{-1}$、$220.9cm^{-1}$ 和 $285.1cm^{-1}$ 处出现三个 Fe—Se 键的特征峰。随着 Se 的掺杂，$FeS_{1.32}Se_{0.11}$、$FeS_{1.24}Se_{0.28}$ 和 $FeS_{1.18}Se_{0.47}$ 样品中 Fe-S 对应的特征峰向左移动，且位于 $300\sim400cm^{-1}$ 的峰强度开始减弱，位于 $180\sim220cm^{-1}$ 的峰强度开始上升。造成上述现象的原因应该为原子半径更大的 Se 的掺入弱化 Fe-

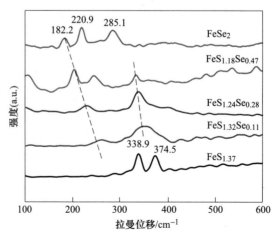

图 4-4　制备的不同 FeS_xSe_y 复合吸附剂的 Raman 光谱

S 振动而造成的，这也证明了制备的 FeS_xSe_y 吸附剂并不是铁硫化合物和铁硒化合物的物理混合，而是没有相分离的硒硫双卤代金属铁化合物。

4.2.3 XPS 表征

以 $FeS_{1.32}Se_{0.11}$ 样品为代表，利用 XPS 表征 FeS_xSe_y 样品的表面的化学状态，其结果如图 4-5 所示。图 4-5（a）所示为 $FeS_{1.32}Se_{0.11}$ 样品的 XPS 全谱。从图中可以观察到 Fe、S、Se、O 和 C 的信号峰，这证明了硒硫铁复合物的成功制备。样品中氧和碳信号的存在主要是由于样品不可避免地暴露在空气中而引起的表面氧化和碳污染。图 4-5（b）~（d）所示分别为 Fe 2p、S 2p 和 Se 3p、Se 3d 的高分辨图谱。从图 4-5（b）中可以看出，Fe 2p 高分辨图谱在结合能为 707.1eV、709.4eV、711.1eV、720.3eV 和 728.3eV 处出现特征峰，其分别对应于 Fe^{2+} 与

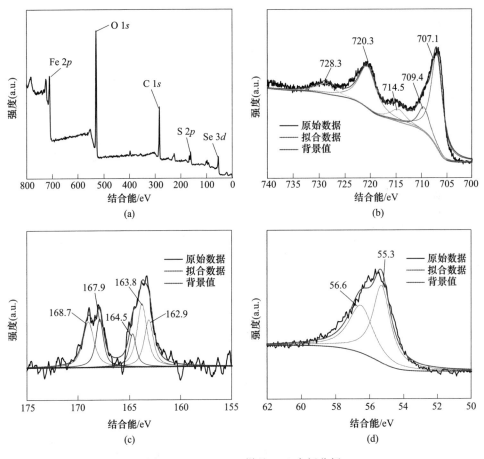

图 4-5　$FeS_{1.32}Se_{0.11}$ 样品 XPS 表征分析

（a）全谱；（b）Fe 2p；（c）S 2p 和 Se 3p；（d）Se 3d 分析

S^{2-}、Fe^{2+} 与 S_n^{2-}、Fe^{3+} 与 S^{2-} 或 O^{2-}、Fe^{2+} 与 SO_4^{2-}，而位于 714.5eV 的弱峰是铁氧化物的卫星峰。由于 S 2p 和 Se 3p 谱的重叠，在图 4-5（c）中的两个强峰被拟合成 6 个峰，其中 168.9eV 和 160.4eV 处的峰值分别对应于 Se $3p_{1/2}$ 和 Se $3p_{3/3}$，161.4eV、163.4eV、164.3eV 和 168.7eV 处的峰值分别对应 $FeS_{1.32}Se_{0.11}$ 中的硫化物（S^{2-}）、二硫醚（S_2^{2-}）、多硫化物（S_n^{2-}）和硫酸盐（SO_4^{2-}）。S 2p 结果与 Fe 2p 光谱中的结果一致，这证明了样品表面多种铁硫化合物的存在。在 Se 3d 高分辨光谱（见图 4-5（d））中也发现了类似的情况，其中 55.2eV 和 55.9eV 处的特征峰对应样品表明的 Se^{2-}，而 56.5eV 和 57.6eV 处的特征峰对应样品表面的硒硫复合物（以 Se-S_n^{2-} 表示）。从 $FeS_{1.32}Se_{0.11}$ 样品高分辨光谱可知，S 和 Se 对应存在形态高度相似，表明两者赋存化学环境相似，这也间接证实了 S/Se 固溶体的形成。XPS 结果表明 FeS_xSe_y 样品中 S 和 Se 主要以固溶体形式与 Fe^{2+} 结合，并以多种形态存在。

4.2.4　磁性表征

通常雌黄铁矿结构的硒硫铁复合物具有一定磁性，这给吸附剂的循环利用创造了有利条件。本实验采用振动样品磁强计在室温对合成的复合吸附剂进行磁滞曲线测试，扫描磁场范围为 -7500~7500 Oe（1Oe＝80A/m），表征结果如图 4-6 所示。从图中可以看出，合成的 $FeS_{1.37}$ 样品具有较高的磁化强度，其饱和磁化强度为 6emu/g（1emu/g＝1A·m^2/g）。随着硒的引入，$FeS_{1.32}Se_{0.11}$ 样品的饱和磁化强度提高到 11.6emu/g。继续增加硒的掺杂量，FeS_xSe_y 的饱和磁化强度开始下降，其原因可能是物相由高磁性的硫复铁矿向低磁性的白硒铁矿转变而造成的。当硒完全取代硫后，对应 $FeSe_2$ 样品的饱和磁化强度几乎降低到 0。上述结果表明，适当的硒掺杂有利于提高复合吸附剂的磁性，其可以保证 FeS_xSe_y 样品的分离性和回收性能。

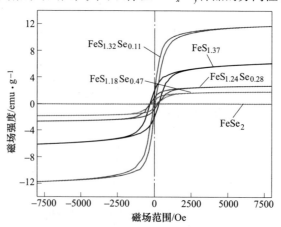

图 4-6　不同 FeS_xSe_y 样品的磁滞曲线结果

4.2.5　SEM 和 TEM 表征

采用扫描电子显微镜（SEM）对合成的硒硫铁复合吸附剂进行形貌表征。图 4-7 所示为 $FeS_{1.37}$、$FeS_{1.24}Se_{0.28}$、$FeS_{1.18}Se_{0.4}$ 和 $FeSe_2$ 四种合成吸附剂的 SEM 图。从图中可以看出，$FeS_{1.37}$ 样品为规则的球形，其直径约为 1.8μm。随着硒的引入，制备的球形 FeS_xSe_y 直径开始变小，且球形结构表面出现薄片。当合成样品种 Se 完全取代 S 后，样品主要以微球和片状物质共团聚的形式赋存。

图 4-7　$FeS_{1.37}$(a)、$FeS_{1.24}Se_{0.28}$(b)、$FeS_{1.18}Se_{0.4}$(c) 和 $FeSe_2$(d) 样品的 SEM 图

以 $FeS_{1.32}Se_{0.11}$ 样品为代表，对其进行 TEM 和 EDS 能谱分析，其结果如图 4-8 所示。图 4-8（a）所示为 $FeS_{1.32}Se_{0.11}$ 吸附剂的 SEM 图，其与 $FeS_{1.37}$ 和 $FeS_{1.24}Se_{0.28}$ 形貌相似，粒径约为 0.98μm。图 4-8（b）所示为对应 $FeS_{1.32}Se_{0.11}$ 样品的 TEM 图。TEM 结果也证明了合成 $FeS_{1.32}Se_{0.11}$ 样品为球形和片状团聚的形貌。对 $FeS_{1.32}Se_{0.11}$ 样品进行高分辨透射晶格分析，结果如图 4-8（c）所示。合成的 $FeS_{1.32}Se_{0.11}$ 样品的晶格间距为 0.231nm 和 0.306nm，分别对应硫复铁矿（400）和（311）晶面。需要注意的是，检测得到的晶格参数比 PDF 卡片（No. 16-0713）中对应的标准值偏大，这可能是由于原子半径更大的 Se 掺杂。对

FeS$_{1.32}$Se$_{0.11}$样品分析（见图 4-8（d）），发现 Fe、S 和 Se 元素分布与空间面积具有高度的空间相关性，这也再次证明形成了单相硒硫铁复合物。

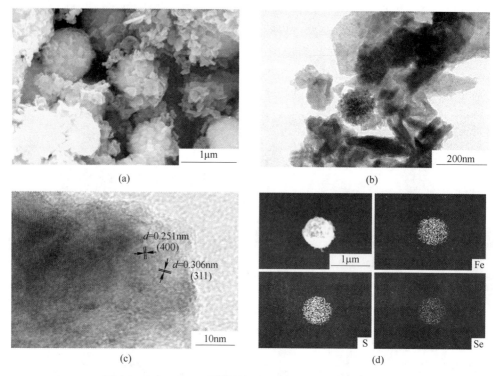

图 4-8　FeS$_{1.32}$Se$_{0.11}$吸附剂的 SEM 图（a）、TEM 图（b）、

HRTEM 图（c）和 Fe、S、Se 的元素分布图（d）

4.3　硒硫铁复合吸附剂材料捕获汞性能评价研究

4.3.1　吸附温度对汞捕获性能的影响

在固定床吸附体系中考察不同 Se/S 比的 FeS$_x$Se$_y$复合吸附剂在不同温度下对 Hg^{0}的捕获性能，其结果如图 4-9 所示。从图中可知，在温度为 80℃时，制备的 FeS$_{1.37}$吸附剂在反应 240min 后依然保持较好的吸附性能，对 Hg^{0}的吸附效率超过 98%。随着温度的升高，FeS$_{1.3}$对 Hg^{0}的吸附效率急剧下降。当温度达到 200℃ 时，FeS$_{1.37}$在反应 40min 后对 Hg^{0}几乎没有吸附效果。上述结果表明，单独的铁硫化合物不适合高温下对 Hg^{0}的捕获。当合成的复合材料种引入 Se 后，FeS$_x$Se$_y$ 复合吸附剂对汞的捕获性能虽然也随着温度的上升而其下降，但相对比于 FeS$_{1.37}$，其在高温下对 Hg^{0}的捕获性能显著提高。例如，在 160℃高温下，FeS$_{1.37}$吸附剂对 Hg^{0}的去除率在 60min 内急剧下降到 60%以下，而即使在

240min 内 FeS_xSe_y 样品对 Hg^0 的捕获效率也都超过了 77%（见图 4-9（c））。显然，引入 Se 后的 FeS_xSe_y 样品可以实现宽温度范围下 Hg^0 的高效脱除，尤其是在 120~160℃ 的温度范围内。

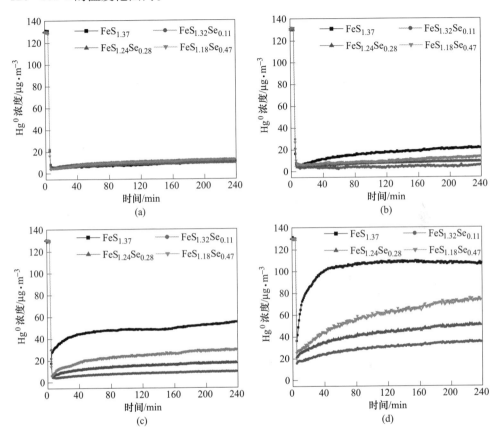

图 4-9　不同 FeS_xSe_y 复合吸附剂在不同温度下对 Hg^0 的吸附曲线

（反应条件：吸附剂质量为 20mg，流量为 600mL/min，Hg^0 浓度为 130μg/m³，
SO_2 浓度（体积分数）为 2.5%，O_2 浓度（体积分数）为 6%，H_2O 浓度（体积分数）为 5%）

（a）80℃；（b）120℃；（c）160℃；（d）200℃

表 4-1 所示为 $FeS_{1.37}$、$FeS_{1.32}Se_{0.11}$、$FeS_{1.24}Se_{0.28}$、$FeS_{1.18}Se_{0.47}$ 和 $FeSe_2$ 五种样品在空速为 230000h⁻¹ 的条件下对 Hg^0 的平均捕获速率。从表中可知，$FeS_{1.32}Se_{0.11}$ 复合吸附剂对 Hg^0 具有最高的吸附速率。在 200℃ 下，$FeS_{1.32}Se_{0.11}$ 复合吸附剂对 Hg^0 的平均捕获速率在 2.94μg/g 以上，明显高于 $FeS_{1.37}$。不同样品对 Hg^0 吸附速率的顺序为：$FeS_{1.32}Se_{0.11}$ > $FeS_{1.24}Se_{0.28}$ > $FeS_{1.18}Se_{0.47}$ > $FeS_{1.37}$。通常情况下，由于具有更高的比表面积和更小的晶粒尺寸，多孔无定型吸附剂比晶体吸附剂具有更好的吸附性能。从 4.2.1 节中可知，随着复合吸附剂中 Se 含量的增加，制备的

FeS_xSe_y 吸附剂对应的衍射强度变强，即对应从无序型向晶体转变，这可能是制备 FeS_xSe_y 复合吸附剂对汞的吸附速率随硒含量上升而下降的原因。当合成样品转变成晶态 $FeSe_2$ 时，其对 Hg^0 的吸附速率显著下降。此外，从图 4-6 中可知，当 Se/S 比例超过 0.3 时，制备的 FeS_xSe_y 复合吸附剂的磁性开始显著下降。从 Hg^0 捕获速率和吸附剂可回收性两个角度进行综合考虑，$FeS_{1.32}Se_{0.11}$ 在较宽的工作温度内具有最佳的性能。

表 4-1   240min 内不同 FeS_xSe_y 吸附剂在不同温度下对 Hg^0 的平均吸附速率

$(\mu g/(g \cdot min))$

FeS_xSe_y 吸附剂	80℃	120℃	160℃	200℃
$FeS_{1.37}$	3.658	3.317	2.417	0.775
$FeS_{1.32}Se_{0.11}$	3.661	3.671	3.584	2.94
$FeS_{1.24}Se_{0.28}$	3.659	3.583	3.391	2.557
$FeS_{1.18}Se_{0.47}$	3.659	3.508	3.121	2.071
$FeSe_2$	1.347	1.528	1.389	1.075

4.3.2   烟气组分对汞捕获性能的影响

通常冶炼烟气中的 SO_2、O_2 和 H_2O 可能对 FeS_xSe_y 吸附剂的脱汞性能产生影响。本节以 $FeS_{1.32}Se_{0.11}$ 为代表，探究不同烟气组分对 Hg^0 捕获性能的影响，其结果如图 4-10 所示。一般情况下，烟气中 O_2 的存在会氧化硫化物表面的硫或硒活

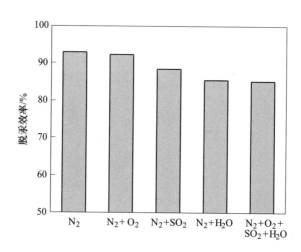

图 4-10   不同烟气组分对 FeS_xSe_y 复合吸附剂脱汞性能的影响

（实验条件：吸附剂质量为 20mg，流量为 600mL/min，反应时间为 240min，Hg^0 浓度为 130$\mu g/m^3$，SO_2 浓度（体积分数）为 2.5%，O_2 浓度（体积分数）为 6%，H_2O 浓度（体积分数）为 5%）

性位点，从而降低吸附剂对 Hg^0 的脱除效率。图 4-10 结果显示，烟气中 O_2 浓度（体积分数）为 6% 时，$FeS_{1.32}Se_{0.11}$ 对 Hg^0 的捕获效率变化不大，依然保持在 92% 以上。这说明烟气中氧气的存在不会导致 $FeS_{1.32}Se_{0.11}$ 的氧化。在 $N_2 + O_2$ 的气氛下，对 160℃ 下反应尾气中的 SO_2 进行连续检测。结果发现，在 240min 反应时间内，尾气中 SO_2 的浓度均不超过 1.8×10^{-3}%，这说明在 O_2 存在条件下 $FeS_{1.32}Se_{0.11}$ 并不会被大量氧化。在体积分数为 2.5% SO_2、5% H_2O 和模拟冶炼烟气中（体积分数为 6%O_2+2.5%SO_2+5% H_2O）三种气氛下，$FeS_{1.32}Se_{0.11}$ 并对 Hg^0 的去除效率均有一定的下降，但仍保持在 85% 以上。上述结果表明，虽然 SO_2 和 H_2O 对 Hg^0 的脱除有一定抑制作用，但在 SO_2 和 H_2O 存在的情况下，$FeS_{1.32}Se_{0.11}$ 仍可保持良好的脱汞性能。

4.3.3 硒硫铁复合材料与其他材料对比

为了评价制备硒硫铁复合材料对 Hg^0 的饱和吸附量，对 $FeS_{1.32}Se_{0.11}$ 和 $FeS_{1.37}$ 吸附剂进行长时间吸附汞测试，其结果如图 4-11 所示。从图中可知，$FeS_{1.32}Se_{0.11}$ 对 Hg^0 捕获的长期稳定性明显优于 $FeS_{1.37}$，说明 $FeS_{1.32}Se_{0.11}$ 对 Hg^0 的吸附能力较大。当 $FeS_{1.32}Se_{0.11}$ 对 Hg^0 去除效率的突破阈值下降到 10% 时，对应的汞吸附容量为 2.577mg/g，当 $FeS_{1.32}Se_{0.11}$ 对 Hg^0 的吸附达到饱和时，对应的汞吸附容量可达 20.216mg/g。表 4-2 为合成的 FeS_xSe_y 吸附剂和文献报道中其他吸附剂的对比[4~13]。从中可知，$FeS_{1.32}Se_{0.11}$ 吸附剂的吸附容量远高于传统的金属氧化物和金属硫化物的吸附剂容量。$FeS_{1.32}Se_{0.11}$ 复合吸附剂对 Hg^0 超高的吸附容量为其在工业上的实际应用奠定了基础。

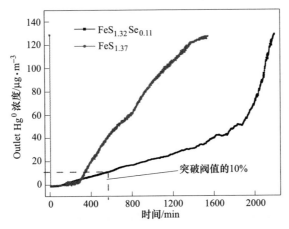

图 4-11　$FeS_{1.32}Se_{0.11}$ 和 $FeS_{1.37}$ 吸附剂在 2200min 内对 Hg^0 的吸附曲线

表 4-2　FeS_xSe_y 吸附剂和其他常规吸附剂对 Hg^0 吸附容量的对比

吸附剂	烟气组分	反应温度/℃	吸附容量/mg·g⁻¹ （突破阈值/%）
Mn-Fe 夹晶石	$10\%O_2 + 0.1\%SO_2 + 5\times10^{-4}\%HCl$	60	0.033（25）
Fe-It-Mn 夹晶石	$4\%O_2 + 0.04\%SO_2 + 10\%H_2O$	60	0.075（25）
Co-MF	$12\%O_2 + 12\%CO_2 + 0.08\%SO_2$ $0.02\%NO + 0.003\%HCl + 8\%H_2O$	150	0.03（35）
磁性生物炭	$4\%O_2 + 12\%CO_2 + 0.03\%NO + 0.12\%SO_2$ $+0.001\%HCl + 8\%H_2O$	120	1.28（100）
磁黄铁矿	$5\%O_2 + 0.008\%SO_2 + 8\%H_2O$	60	0.22（4）
S/FeS_2	N_2	80	2.732（50）
C/FeS	N_2	50	3.718（100）
Nano-ZnS	$N_2 + 5\%O_2$	180	0.497（50）
CoS	$5\%SO_2 + 6\%O_2$	50	2.07（25）
$CoMoS/\gamma\text{-}Al_2O_3$	$100\%N_2$	50	18.95（100）
$FeS_{1.32}Se_{0.11}$	$2.5\%SO_2 + 6\%O_2 + 5\%H_2O$	80	23.52（100）

4.4　硒硫铁复合吸附汞动力学研究

4.4.1　动力学模型选取

上述研究表明，$FeS_{1.32}Se_{0.11}$ 对 Hg^0 具有长时间稳定的脱除效率。为了更加深入评价 $FeS_{1.32}Se_{0.11}$ 的脱汞性能，对 Hg^0 吸附的动力学进行了详细的研究。本节选取常用的伪一级动力学、伪二级动力学、粒子内扩散和 Elovich 四种动力学模型，并将相应的实验数据与动力学模型进行匹配，以获得最佳的 Hg^0 捕获动力学模型。

4.4.1.1　伪一级动力学模型

伪一级模型以浓度差作为驱动力来描述传质过程。Hg^0 的吸附速率与平衡容量和任何时候的吸附量之差成正比。该过程由下式表示：

$$\frac{dq_t}{dt} = k_1(q_e - q_t) \tag{4-3}$$

基于边界条件（$t = 0$，$q_t = 0$；$t = t$，$q_t = q_t$）可将式（4-3）转化为式（4-4）：

$$q_t = q_e(1 - e^{-k_1 t})$$　　　　　　　　　（4-4）

式中，q_e和q_t分别为平衡吸附容量和在任何时间t的汞吸附量，mg/g；k_1为伪一级吸附速率常数，min^{-1}。

4.4.1.2　伪二级动力学模型

基于 Langmuir 吸附等温线方程的伪二级动力模型包含了吸附的外部传质、粒内扩散和表面吸附三个过程。其中，表面化学键是准二级动力学吸附过程的主要影响因素。因此，将其作为吸附速率的控制步骤。伪二级动力学模型可以用式（4-5）描述：

$$\frac{dq_t}{dt} = k_2(q_e - q_t)^2$$　　　　　　　（4-5）

基于初始条件（$t = 0$，$q_t = 0$；$t = t$，$q_t = q_t$），可将式（4-5）转化为式（4-6）：

$$\frac{t}{q_t} = \frac{1}{k_2 q_e^2} + \frac{1}{q_e}t$$　　　　　　　　　（4-6）

式中，q_e和q_t分别为平衡吸附容量和任何时候的吸附汞量，mg/g；k_2为伪二级吸附速率常数，g/(mg·min)。

4.4.1.3　粒子内扩散模型

通常采用粒内扩散模型来描述固体吸附过程中孔隙的内部扩散过程。在这个模型中，粒子内扩散系数被假定为一个常数。相应的方程式见式（4-7）：

$$q_t = k_{id}t^{0.5} + C$$　　　　　　　　　（4-7）

式中，q_t为任何时间t的汞吸附量，mg/g；k_{id}为粒子内扩散速率常数，mg/(g·$min^{0.5}$)；t为反应时间，min；C为与边界层的厚度有关的常数，mg/g。

4.4.1.4　Elovich 模型

Elovich 动力学模型基于 Temkin 吸附等温线方程。在 Elovich 模型中，吸附过程被假设为两个阶段，即与吸附剂向外部位置移动相关的快速初始反应和在吸附剂上的小孢子内外扩散较慢两个阶段。Elovich 模型的方程见式（4-8）：

$$q_t = \frac{1}{b}\ln(ab) + \frac{1}{b}\ln t$$　　　　　　　（4-8）

式中，q_t为任何时间t吸附的汞量，mg/g；a为初速率，mg/(g·min)；b为与化学吸附的表面覆盖度和活化能有关的常数。

4.4.2 复合材料捕获汞动力学拟合模拟

将 $FeS_{1.32}Se_{0.11}$ 吸附剂脱汞的实验数据代入上述 4 种动力学模型，并对其相关性进行分析，结果如图 4-12 所示。实际数据与 4 种模型的相关系数分别为 0.981、0.998、0.8994 和 0.984。显然，伪二级动力学模型最符合描述 Hg^0 在 $FeS_{1.32}Se_{0.11}$ 吸附剂的吸附过程。根据相关动力学模型进行计算，获得各种模拟动力学模型的相关参数，具体结果见表 4-3。从表中可知，不同模型计算的 $FeS_{1.32}Se_{0.11}$ 饱和吸附容量分别为 7.243mg/g、23.524mg/g 和 1.746mg/g。二级动力学模型理论计算得到的饱和吸附容量与实际饱和吸附容量相接近，这也证明了伪二级动力学模型适合用于描述 $FeS_{1.32}Se_{0.11}$ 吸附剂对 Hg^0 的捕获过程。

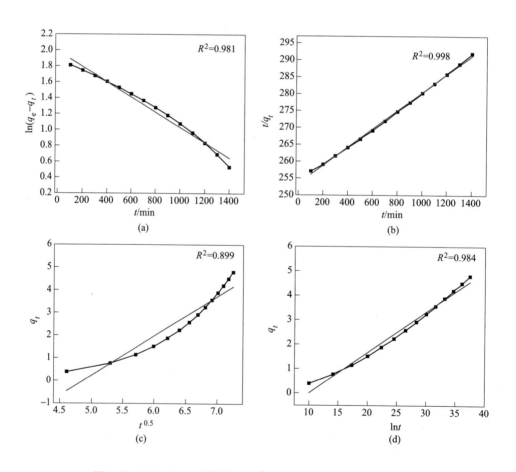

图 4-12　$FeS_{1.32}Se_{0.11}$ 吸附剂对 Hg^0 吸附的不同动力学模型线性图

（a）伪一级动力学模型；（b）伪二级动力学模型；（c）粒子内扩散模型；（d）Elovich 模型

表 4-3 不同动力学模型下对应 $FeS_{1.32}Se_{0.11}$ 吸附剂吸附 Hg^0 的动力学参数和相关系数 R^2

模型	参数	数值
伪一级动力学模型	$q_e/mg \cdot g^{-1}$	7.243
	k_1/min^{-1}	9.557×10^{-4}
	R^2	0.991
伪二级动力学模型	$q_e/mg \cdot g^{-1}$	23.524
	$k_2/mg \cdot (g \cdot min)^{-1}$	7.129×10^{-6}
	R^2	0.998
粒子内扩散模型	$k_{id}/mg \cdot (g \cdot min^{0.5})^{-1}$	1.746
	$C/mg \cdot g^{-1}$	-8.495
	R^2	0.899
Elovich 模型	$a/mg \cdot (g \cdot min)^{-1}$	7.774×10^{-4}
	b/min^{-1}	6.018
	R^2	0.984

4.5 硒铁硫复合吸附剂强化汞捕获机理

4.5.1 XPS 分析汞捕获前后价态分析

为了探究 FeS_xSe_y 吸附材料对 Hg^0 的捕获机制，采用 XPS 技术分析吸附剂表面元素的价态。图 4-13 所示为 $FeS_{1.32}Se_{0.11}$ 吸附材料在 80℃ 和 160℃ 下捕获 Hg^0 后的 O 1s、S 2p 和 Se 3p、Se 3d 和 Hg 4f XPS 高分辨光谱。从图 4-13（a）和（b）可知，$FeS_{1.32}Se_{0.11}$ 吸附材料表面上的氧主要以位于 531.5eV 的—OH 和位于 532.3eV 的 SO_4^{2-} 两者形态存在。由于—OH 和 SO_4^{2-} 均没有较强氧化性，其不会促进 Hg^0 的化学吸附，因此 Hg^0 在 $FeS_{1.32}Se_{0.11}$ 吸附材料表面的氧化和吸附应与表面氧无关，而与表面的 S 或 Se 活性位点相关。

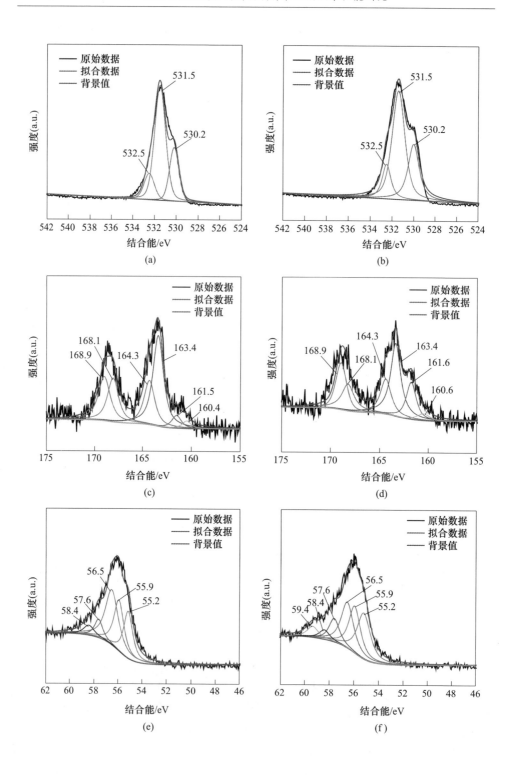

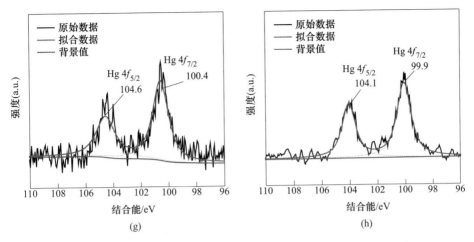

图 4-13　$FeS_{1.32}Se_{0.11}$ 吸附剂在不同温度下吸附 Hg^0 的 XPS 高分辨光谱图

(a) 80℃，O1s；(b) 160℃，O1s；(c) 80℃，S 2p 和 Se 3p；(d) 160℃，S 2p 和 Se 3p；

(e) 80℃，Se 3d；(f) 160℃，Se 3d；(g) 80℃，Hg 4f；(h) 160℃，Hg 4f

表 4-4 所列为不同反应温度下 $FeS_{1.32}Se_{0.11}$ 吸附材料捕获 Hg^0 前后不同 S 和 Se 形态比例变化。前期研究认为金属硫化物表面上的短链 S_2^{2-} 为 Hg^0 的主要活性吸附位点[2]。对比吸附前后的 $FeS_{1.32}Se_{0.11}$ 样品发现，160℃吸附后样品中 S^{2-} 的比例显著上升，从到 3.41% 上升到 8.09%，而 S_2^{2-} 的比例则显著下降，从 41.11% 下降到 31.92%。有两种可能的原因造成不同温度下吸附前后 S^{2-} 和 S_2^{2-} 比例的变化。一种原因可能为高温下 S_2^{2-} 会分解生成 S^{2-}，另一种原因可能为活性 S_2^{2-} 与烟气中 Hg^0 反应形成 HgS。为了验证上述两个原因，在其他实验条件完全相同的条件下，进行了一组烟气中没有 Hg^0 的对比实验。实验结果表明，在 160℃ 和没有 Hg^0 输入的条件下，$FeS_{1.32}Se_{0.11}$ 样品表面的 S^{2-} 和 S_2^{2-} 的比例为 7.89% 和 32.15%，与有 Hg^0 输入条件下的结果相似。对比实验结果表明，高温下 S_2^{2-} 会分解生成 S^{2-} 是造成 $FeS_{1.32}Se_{0.11}$ 样品表面活性 S_2^{2-} 比例迅速下降的主要原因。同时，上述结果也证明了吸附材料表面活性位点在高温下易分解，从而导致吸附材料对 Hg^0 的捕获性能下降。图 4-9 结果表明，经过适量的 Se 掺杂而合成的 FeS_xSe_y 吸附剂在高温下的脱汞性能得到了显著的改善，这说明在 FeS_xSe_y 表面除了 S_2^{2-} 活性位点外，还应形成稳定性更高的硒活性位点。随着反应温度从 80℃ 上升至 160℃，FeS_xSe_y 表面的 Se^{2-} 和 $Se-S_n^{2-}$ 比例仅有轻微的下降，从 42.69% 下降到 40.37%，这表明 $Se-S_n^{2-}$ 在高温下具有较高的稳定性。因此，可以认为合成的 $FeS_{1.32}Se_{0.11}$ 吸附剂在高温下的脱汞性能远优于 $FeS_{1.37}$ 的原因是形成了高稳定性 $Se-S_n^{2-}$ 活性位点。掺入在硫化物内 Se 将与 S_n^{2-} 结合，形成高热稳定性的硒硫 $Se-S_n^{2-}$ 活性位点，从而提高吸附剂对 Hg^0 的吸附速率、拓宽工作温度范围。

表 4-4   吸附前后 $FeS_{1.32}Se_{0.11}$ 样品表面不同 S 和 Se 形态的原子比例   （％）

S 或 Se 的形态		吸附前 $FeS_{1.32}Se_{0.11}$ 样品	80℃下吸附后 $FeS_{1.32}Se_{0.11}$ 样品	160℃下吸附后 $FeS_{1.32}Se_{0.11}$ 样品
S	总 S	8.93	8.09	4.08
	S^{2-}	3.41	3.93	8.09
	S_2^{2-}	41.11	39.53	31.92
	S_n^{2-}	16.37	15.42	15.13
	SO_4^{2-}	39.11	41.12	44.86
Se	总 Se	2.53	2.42	1.94
	Se^{2-}	55.52	56.09	53.59
	$Se-S_n^{2-}$	44.48	42.69	40.37
	SeO_3^{2-} 或 SeO_4^{2-}	—	1.24	6.04

为了进一步确定 $Se-S_n^{2-}$ 的作用，通过分析 Hg 4f 高分辨光谱（见图 4-13（g）和（h））来确定不同温度下汞的吸附产物。Hg 4f 在 80℃ 出现 HgS 的两个吸收峰，分别位于 100.4eV 和 104.6eV。观察 160℃ 下的 Hg 4f 光谱，发现对应的时峰值（位于 99.9eV 和 104.1eV）向低能量偏移。HgSe 的结合能相对于 HgS 的结合能较低，这说明着在 160℃ $FeS_{1.32}Se_{0.11}$ 捕获 Hg^0 后主要产物可能为 HgSe。然而，由于 HgS 与 HgSe 之间具有相似的结合能，因此很难直接从 Hg 4f 光谱结果判断不同温度下的吸附产物。

4.5.2 Hg-TPD 分析捕获前后汞形态分析

为了准确判断不同温度下汞的吸附产物，采用 Hg-TPD 进行分析，其分析结果如图 4-14 所示。图 4-14（a）和（b）所示分别为 $FeS_{1.37}$ 和 $FeSe_2$ 在 80℃ 下吸附汞后的解吸曲线。在 $FeS_{1.37}$ 解吸曲线上，位于 93℃ 和 166℃ 出现两个解吸峰，分别对应物理吸附的 Hg^0 和 HgS 的解吸峰。$FeSe_2$ 解吸曲线上，位于 117℃ 和 253℃ 出现两个解吸峰，其分别对应物理吸附的 Hg^0 和 HgSe 的解吸峰。对在 80℃ 吸附汞后的 $FeS_{1.32}Se_{0.11}$ 样品进行分析，发现在 160℃ 和 250℃ 出现两个特征峰。通过与单独 $FeS_{1.37}$ 和 $FeSe_2$ 样品进行对比，可以确定 160℃ 和 250℃ 出现的特征峰分别对应 HgS 和 HgSe，其中 HgS 和 HgSe 两者占总汞的比例为 57.3% 和 41.4%。上述结果说明合成的 $FeS_{1.32}Se_{0.11}$ 样品在较低温度（80℃）下的汞吸附产物主要以 HgS 和 HgSe 两种形式为主。对于 160℃ 下吸附后的 $FeS_{1.32}Se_{0.11}$ 样品，其吸附产物中对应的 HgSe 比例从 41.4% 显著上升至 76.9%，同时 HgS 的比例下降至 22.6%，显然在 160℃ 下的汞吸附产物主要以 HgSe 为主。随着温度的上升，HgSe 的比例上升，这也证明了 $Se-S_n^{2-}$ 在高温对 Hg^0 的吸附起主要作用。

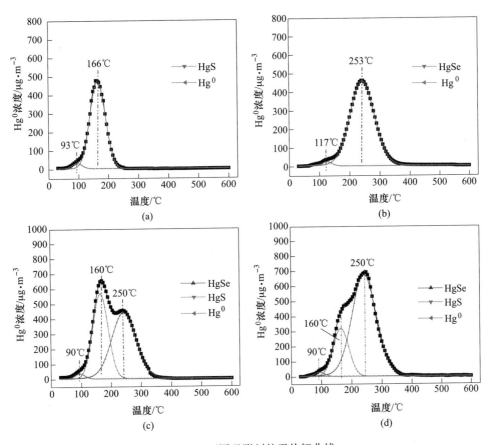

图 4-14 不同吸附剂的汞热解曲线

（a）80℃，$FeS_{1.37}$；（b）80℃，FeS_2；（c）80℃，$FeS_{1.32}Se_{0.11}$；（d）160℃，$FeS_{1.32}Se_{0.11}$

4.5.3 硒硫铁复合吸附剂捕获汞反应路径

通过 XPS 和 Hg-TPD 分析可知，高活性 S_2^{2-} 吸附位点在低温下对 Hg^0 具有较好的捕获效果，但随着吸附温度的提高，S_2^{2-} 吸附位点会发生分解，从而导致 Hg^0 吸附性能的下降。经过 Se 掺入后，可形成新的稳定 Se-S_n^{2-} 活性位点，Se-S_n^{2-} 可在高温下取代原有的 S_2^{2-} 而作为 Hg^0 的主要吸附位点，与物理吸附的 Hg^0 发生化学反应形成 HgSe，从而提高 Hg^0 在高温下的捕获性能，扩大吸附温度范围，具体反应示意图如图 4-15 所示。反应路线可以用式（4-9）表示。

$$S_2^{2-} = S^{2-} + S \qquad (4-9)$$

$$Hg^0 + surface = Hg^0（ad） \qquad (4-10)$$

$$Hg^0 + S_2^{2-} = HgS + S^{2-} \qquad (4-11)$$

$$Hg^0（ad）+Se\text{-}S_n^{2-} = HgSe + S_n^{2-} \qquad (4-12)$$

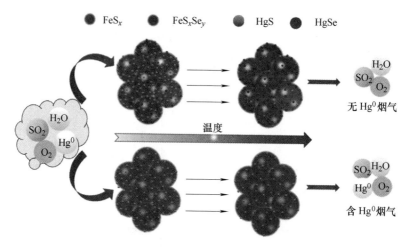

图 4-15   宽工作温度 FeS_xSe_y 吸附剂捕获 Hg^0 的机制示意图

4.6   硒硫铁复合吸附剂工业利用性能研究

4.6.1   硒硫铁复合吸附剂循环再生性能评价

碘溶液具备优异的选择性浸出汞能力[14]。本节采用碘溶液作为洗脱剂，对 $FeS_{1.32}Se_{0.11}$ 吸附剂上吸附的汞进行浸出，解吸后 $FeS_{1.32}Se_{0.11}$ 再次作为吸附剂，从而评估硒硫铁复合吸附剂的循环利用性能。解吸过程具体操作为：首先配置 1mol/L KI 和 0.1mol/L I_2 混合溶液作为洗脱液；然后取 50mg 吸附汞后的 $FeS_{1.32}Se_{0.11}$ 吸附剂加入 100mL 洗脱液中，超声搅拌处理 10min 形成悬浊液；再将悬浊液加入水浴锅中，在 60℃ 剧烈搅拌反应 1h；反应后，离心分离获得解吸后 $FeS_{1.32}Se_{0.11}$ 吸附剂，并用去离子水洗涤 3 遍；最后在 80℃ 下烘干 10h，以去除吸附剂中多余的水分，从而获得了最终再生的 $FeS_{1.32}Se_{0.11}$ 吸附剂。通过上述解吸后，吸附在 $FeS_{1.32}Se_{0.11}$ 上的汞的解吸效率超过 98%，且 $FeS_{1.32}Se_{0.11}$ 上的 S 和 Se 几乎不会进入溶液，即碘化法浸出可以实现 $FeS_{1.32}Se_{0.11}$ 吸附剂上汞的选择性解吸。

图 4-16 所示为 $FeS_{1.32}Se_{0.11}$ 吸附剂 6 次循环吸附脱汞的结果。从图中可以看出，再生的 $FeS_{1.32}Se_{0.11}$ 吸附剂经过解吸后保持良好的捕获性能，经过 6 次循环后对 Hg^0 的捕获效率依然可达到 88% 以上。再生过程中，吸附剂的饱和磁性几乎没有变化。图 4-16 中的插图中展示了在外加磁场的条件下再生 $FeS_{1.32}Se_{0.11}$ 吸附剂从洗涤液中磁选分离效果图片。在 60s 内，再生 $FeS_{1.32}Se_{0.11}$ 吸附剂可完全实现与洗涤液的分离。上述结果表明，再生的 $FeS_{1.32}Se_{0.11}$ 仍然表现出良好的 Hg^0 捕获效率和分离性能，这也为后续汞的集中处置奠定基础。

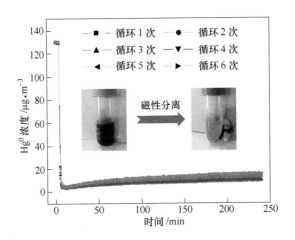

图 4-16 FeS$_{1.32}$Se$_{0.11}$吸附剂在 80℃下从冶炼烟气中捕获汞的循环再生性能

4.6.2 硒硫铁复合吸附剂循环工业利用潜力

图 4-17 所示为循环 FeS$_x$Se$_y$脱汞吸附剂在有色金属冶炼行业应用工艺流程示意图。冶炼过程形成的高温烟气经过余热回收和电除尘后，烟气中大部分颗粒物已经被去除，且此时烟气的温度一般下降到 200℃以下。因此，可以将制备的 FeS$_x$Se$_y$吸附剂喷入在电除尘的下游，这样既可以保证 FeS$_x$Se$_y$吸附剂适宜的工作

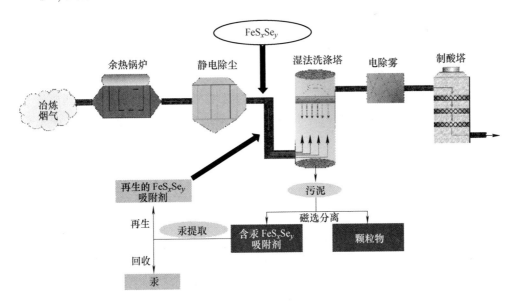

图 4-17 FeS$_x$Se$_y$吸附剂从实际冶炼烟气中捕获汞的工艺示意图

温度窗口，又可以避免 FeS_xSe_y 与大量烟尘的混合，从而降低汞二次污染的风险。此外，FeS_xSe_y 吸附剂可以在后续的湿法洗涤系统中回收，利于 FeS_xSe_y 吸附剂的循环利用。FeS_xSe_y 吸附剂进入湿法洗涤系统后，可以通过磁选回收的方法回收，进而再通过选择性浸出汞循环再生吸附剂，并实现有色金属冶炼烟气中汞的捕获和回收。综述可知，合成的 FeS_xSe_y 复合吸附剂协同湿法洗涤系统，可以有效控制有色金属冶炼烟气中的汞。

4.7　本章小结

针对传统吸附剂脱汞效果差和使用范围窄的问题，本章提出合成新型磁性硒硫铁复合吸附剂，强化对烟气中 Hg^0 的脱除。通过表征 FeS_xSe_y 吸附物理化学特征、评价 FeS_xSe_y 吸附剂对 Hg^0 捕获性能和探究其循环利用性能等，获得了捕获汞最优工艺和汞吸附动力学模型，揭示了硒掺杂强化汞捕获机理，得出了以下主要结论：

（1）通过溶解热法成功制备了不同 Se/S 比的单相 FeS_xSe_y 复合吸附剂，其具有较高的磁性，且表面含有大量的 S_2^{2-}、$Se\text{-}S_n^{2-}$ 等官能团。

（2）硒的掺杂可以实现宽温度宽口下 Hg^0 的高效脱除，尤其是在 120~160℃ 的温度范围内，最佳的 FeS_xSe_y 复合吸附剂为 $FeS_{1.32}Se_{0.11}$，且烟气中 O_2、SO_2 和 H_2O 对 Hg^0 的捕获效率影响不大。

（3）硒硫铁复合吸附剂对 Hg^0 的吸附复合伪二级动力学模型，对应的理论饱和吸附剂容量为 23.524mg/g，吸附速率常数为 7.129×10^{-6} mg/（g·min）。

（4）Se 的掺入可以在硒硫铁复合吸附剂表面的形成 $Se\text{-}S_n^{2-}$ 活性位点，其相对比 S_2^{2-} 具有更高的高温稳定性，从而可以在高温下作为 Hg^0 的吸附位点，与物理吸附的 Hg^0 发生化学反应形成 HgSe。

（5）吸附后的复合吸附剂可在碘溶液中选择性浸出汞，从而实现硒硫铁复合吸附剂的再生，且经过 6 次循环后，对 Hg^0 的捕获效率仍在 88% 以上，具有良好的循环利用性能。

参 考 文 献

[1] Yang Y, Liu J, Liu F, et al. Molecular-level insights into mercury removal mechanism by pyrite [J]. Journal of Hazardous Materials, 2018, 344: 104~112.

[2] Liao Y, Cheng D, Zou S, et al. Recyclable naturally derived magnetic pyrrhotite for elemental mercury recovery from flue gas [J]. Environmental Science & Technology, 2016, 50 (19): 10562~10569.

[3] Liu Z, Li Z, Xie X, et al. Development of recyclable iron sulfide/selenide microparticles with high performance for elemental mercury capture from smelting flue gas over a wide temperature range [J]. Environmental Science & Technology, 2019, 54 (1): 604~612.

[4] Yang S, Yan N, Guo Y, et al. Gaseous elemental mercury capture from flue gas using magnetic nanosized $(Fe_{3-x}Mn_x)_{1-\delta}O_4$ [J]. Environmental Science & Technology, 2011, 45 (4): 1540~1546.

[5] Liao Y, Xiong S, Dang H, et al. The centralized control of elemental mercury emission from the flue gas by a magnetic regenerable Fe-Ti-Mn spinel [J]. Journal of Hazardous Materials, 2015, 299: 740~746.

[6] Yang J, Zhao Y, Zhang J, et al. Regenerable cobalt oxide loaded magnetosphere catalyst from fly ash for mercury removal in coal combustion flue gas [J]. Environmental Science & Technology, 2014, 48 (24): 14837~14843.

[7] Yang J, Zhao Y, Ma S, et al. Mercury removal by magnetic biochar derived from simultaneous activation and magnetization of sawdust [J]. Environmental Science & Technology, 2016, 50 (21): 12040~12047.

[8] Yang J, Li Q, Li M, et al. In situ decoration of selenide on copper foam for the efficient immobilization of gaseous elemental mercury [J]. Environmental Science & Technology, 2020, 54 (3): 2022~2030.

[9] Li H, Zhu W, Yang J, et al. Sulfur abundant S/FeS2 for efficient removal of mercury from coal-fired power plants [J]. Fuel, 2018, 232: 476~484.

[10] Reddy K S K, Al Shoaibi A, Srinivasakannan C. Mercury removal using metal sulfide porous carbon complex [J]. Process Safety and Environmental Protection, 2018, 114: 153~158.

[11] Li H, Zhu L, Wang J, et al. Development of nano-sulfide sorbent for efficient removal of elemental mercury from coal combustion fuel gas [J]. Environmental Science & Technology, 2016, 50 (17): 9551~9557.

[12] Liu H, You Z, Yang S, et al. High-efficient adsorption and removal of elemental mercury from smelting flue gas by cobalt sulfide [J]. Environmental Science and Pollution Research, 2019, 26 (7): 6735~6744.

[13] Zhao H, Yang G, Gao X, et al. Hg^0 capture over $CoMo_S/\gamma$-Al_2O_3 with MoS_2 nanosheets at low temperatures [J]. Environmental Science & Technology, 2016, 50 (2): 1056~1064.

[14] Liu Z, Wang D, Yang S, et al. Selective recovery of mercury from high mercury-containing smelting wastes using an iodide solution system [J]. Journal of Hazardous Materials, 2019, 363: 179~186.

5 铜多硫化合物改性活性炭材料的制备和吸附脱汞性能研究

<<<<<<<<<<<<<<<<<<<<<<<<<<<<<<<<<<<<<<<<<<<<<<<<<<<<<<<<<<<<<<<<

活性炭是最常见的工业吸附剂，但由于其具有低汞低吸附速率和吸附容量、易受二氧化硫、水蒸气干扰等缺点，极大限制了在工业烟气脱汞领域的应用。目前，许多研究人员利用卤素、金属氧化物、酸、硫等来改性活性炭，以提高活性炭对汞的脱除性能[1-5]。硫改性活性炭由于具有较高抗硫性，且对汞吸附容量较大，受到了较大的关注，特别适合于高硫有色冶炼烟气中汞的脱除。前期研究表明，硫赋存形态对硫改性活性炭捕获汞性能起到重要作用，短链硫具有更高的吸附汞活性[6,7]。然而，高温下，硫容易团聚，从短链硫变化到长链硫，从而降低了汞的脱除效果。为了解决上述问题，利用金属离子可提高短链硫稳定性的特点，在活性炭上原位形成铜多硫化合物，制备铜多硫化合物改性活性炭（$Cu_xS_y@AC$），从而避免高温下硫团聚的问题，极大提高活性炭对高硫冶炼烟气中汞的捕获性能。本章对 $Cu_xS_y@AC$ 稳定性进行综合评估，详细考察不同条件下 $Cu_xS_y@AC$ 对高温高硫冶炼烟气中汞的吸附性能，通过 XPS、Raman 等表征方法阐明高硫烟气中汞选择性捕获的机制。

5.1 铜多硫化合物改性活性炭的制备方法

本研究所采用的活性炭为椰壳活性炭，用 AC 表示，为柱状颗粒。首先将上述购买的活性炭在玛瑙坩埚中进行研磨，并过筛，保证活性炭粒度在 0.15~0.28mm（100~50 目）之间。细磨后的颗粒用去离子水进行清洗，去除活性炭孔道内部的灰尘。清洗后在 120℃下烘干 20h 以上，取出冷却至室温，放置于密封袋中备用。

用分析纯 $Cu(NO_3)\cdot3H_2O$ 配置浓度为 0.01mol/L 的 $Cu(NO_3)_2$ 溶液，采用等体积浸渍法将活性炭与铜溶液进行混合，并在超声条件下浸渍 20min，然后将其置于 80℃烘箱内烘干 24h。烘干后的样品放置于瓷舟（长×宽×高为 600mm×300mm×10mm）中，用铁钩将瓷舟置于密闭管式炉中间部分，然后将管式炉两端密封卡套卡死，以保证密闭性。通入高纯氮气作为保护气体，将管式炉中加热至 600℃，并加热时间为 2h，之后随炉冷却至室温，此时得到样品为 Cu@AC。

　　称取一定质量的活性炭样品，连续以 0.8L/min 的速率通入二氧化硫气体 5min，保证管内充满二氧化硫气体。在整个实验过程中，反应尾气都必须通入氢氧化钠碱液吸收液中，以降低二氧化硫气体对环境的污染。打开加热开关，并以 5℃/min 的升温速率加热至 700℃，然后保温 30min，冷却后得到的样品为 S @AC。

　　得到 Cu@AC 样品后，并按 S@AC 样品的制备方法进行处理，可得到 $Cu_xS_y@AC$ 样品。

5.2　吸附剂的表征

5.2.1　XRD 分析

　　图 5-1 所示为 AC、S@AC、Cu@AC 和 $Cu_xS_y@AC$ 四种吸附剂的 XRD 图谱。从图中可以看出，所有的吸附剂在 25° 和 43° 均有两个明显的吸收宽峰，其分别对应碳 002 和 101 两个晶面。出现宽吸收峰的原因是由于活性炭中碳主要以无定型形式存在。当铜负载后，Cu@AC 吸附剂上有 Cu_2O 的吸收峰出现，这说明改性吸附剂上铜主要以亚铜的形式存在，其主要原因高温煅烧下铜硝酸盐分解形成的。此外，经过 SO_2 焙烧后，S@AC 改性吸附剂 XRD 吸收峰没有明显变化，其可能由于负载的硫以无定型形式存在，且含量较低，因此没有检测到单质硫的存在。分别经过铜负载和硫化改性后，吸附剂上出现金属硫化物 $Cu_{7.2}S_4$ 的吸收峰，这证明了铜硫负载后改性吸附剂上铜硫主要以铜硫化物形式存在。

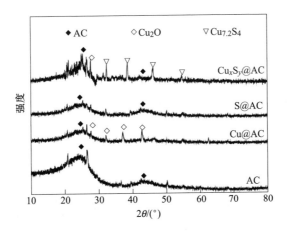

图 5-1　不同改性材料的 XRD 图谱

5.2.2　FTIR 分析

采用傅里叶红外 FTIR 分析表征方法，分析改性前后活性炭上官能团的变化，其结果如图 5-2 所示。从图中可以看出，初始活性炭在 $1180cm^{-1}$、$1073cm^{-1}$ 和 $992cm^{-1}$ 有明显的振动峰，其分别对应 C—O—C 和 C＝O 吸收峰，这表面初始活性炭表面含有一定含氧官能团。当铜负载后，其对应的吸收振动峰变化不大，这说明铜并没有和活性炭上含氧官能团结合，结合 XRD 分析可以推测，铜主要以 Cu_2O 的形式包裹或夹杂在吸附剂上。经过硫化改性后，此时活性炭上相应的含氧基团消失，对应在 $1385cm^{-1}$ 和 $1594cm^{-1}$ 出现 S—H 和 C＝S 的官能团，这说明 SO_2 焙烧硫负载过程中，活性炭上部分含氧官能团可以转化成含硫官能团。当经过铜负载和硫负载后，$Cu_xS_y@AC$ 吸附剂也出现含硫官能团，这表面金属硫化物改性吸附剂上不仅具有短链硫化物，而且还有含硫官能团，两者都可能促进汞的吸附。

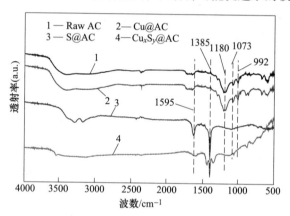

图 5-2　不同改性活性炭的 IR 表征图谱

5.2.3　BET 分析

为了检验铜和硫的负载对改性吸附剂比表面积的影响，在最佳条件下合成的初始活性炭（AC）、硫改性活性炭（S@AC）、铜改性活性炭（Cu@AC）和铜硫化物改性活性炭（$Cu_xS_y@AC$）四种材料进行 BET 检测，其结果见表 5-1。从表 5-1 中可以看出，随着铜和硫的负载，吸附剂的比表面积均有一定的下降，从初始活性炭的 $1042.72m^2/g$ 分别下降到 $903.48m^2/g$（Cu@AC）、$947.83m^2/g$（S@AC）和 $893.47m^2/g$（$Cu_xS_y@AC$）。从结果可以看出，随着铜或硫负载，吸附剂比表面积有所下降，但下降的幅度不大；同时改性吸附剂的孔体积和平均孔径变化不大，改性吸附剂仍保持吸附剂良好的物理性质可能是其提高汞吸附效率的原因。

表 5-1　BET 分析吸附剂比表面积、孔体积和孔径结果

样品	比表面积/$m^2 \cdot g^{-1}$	总孔体积/$m^3 \cdot g^{-1}$	平均孔径/nm
Raw AC	1042.72	0.648	0.59
Cu@AC	903.48	0.524	0.54
S@AC	947.83	0.546	0.56
Cu_xS_y@AC	893.47	0.518	0.54

5.2.4　SEM 分析

采用扫描电镜分析不同改性活性炭的表面形貌，其结果如图 5-3 所示。图 5-3 (a) 所示为初始活性炭（AC）的扫描电镜图，从中可以看出，其主要以片型颗粒

(a)　　　　　　　　　　　　　　(b)

(c)

图 5-3　不同改性吸附剂的 SEM 图像

（a）AC；（b）Cu@AC；（c）Cu_xS_y@AC

存在，且颗粒表面光滑洁净。图 5-3（b）所示为载铜活性炭（Cu@AC）的扫描电镜图，相对比初始活性炭，经过铜负载后颗粒表面形成崎岖不平的沟壑，这是由于铜负载后 Cu_2O 的晶体生成的结果。图 5-3（c）所示为 Cu_xS_y@AC 吸附剂的扫描电镜图。从图中可以看出，相对于 Cu@AC 的电镜图，其颗粒表面更加粗糙，且有明显的片层晶体出现。结合 XRD 和 FTIR 分析，可以确定表面片层晶体为铜硫化物，其是表面 Cu_2O 在 SO_2 焙烧过程中形成的 Cu_xS_y。

5.3　铜和硫负载对脱汞性能的影响

通过模拟冶炼烟气，对合成吸附剂的 Hg^0 捕集性能进行了评价，其结果如图 5-4 所示。采用初始商业活性炭为吸附剂时，出口 Hg^0 浓度随着吸附时间的延长迅速增大，即初始商业活性炭对高硫气氛下 Hg^0 的捕获能力不高。Cu@AC 吸附剂在高硫气氛下对汞的吸附效率快速下降，这说明烟气 SO_2 的存在可以导致氧化铜活性的快速下降。S@AC 和 Cu_xS_y@AC 样品获得了较好的 Hg^0 捕获效率，这也表明硫的浸渍对 Hg^0 的捕获具有重要意义。然而，S@AC 的 Hg^0 捕获效率随时间略有下降。上述结果表明，Cu_xS_y@AC 对高浓度 SO_2 冶炼烟气中 Hg^0 的具有优异的吸附效果。

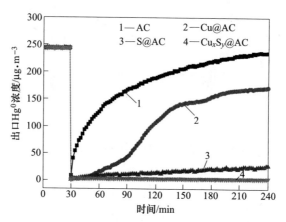

图 5-4　不同种类改性吸附剂对 Hg^0 捕获性能

（实验条件：Cu 负载量为 5%，SO_2 焙烧时间为 1h，流速为 600mL/min，

烟气成分为 5%O_2+1.5%SO_2+93.5%N_2，温度为 120℃，Hg^0 浓度为 244μg/m³）

为了评价 Cu 和 S 比例（摩尔比）对 Hg^0 捕获性能的影响，制备了不同 Cu 和 S 负载值的 Cu_xS_y@AC 吸附剂，其结果见表 5-2。从表 5-2 可以看出，当铜负载量为 5% 时，Hg^0 捕获效率最高，继续提高铜负载量会导致吸附剂的表面积迅速下降，从而降低汞的脱除效率。吸附剂中含硫量与焙烧时间有关，随着 SO_2 焙烧时间的增加，Hg^0 的捕集效率逐渐从 78.32% 提高到 98.81%。当焙烧时间超过 2h

时，Hg^{0}捕集效率变化不大。因此，SO$_2$的最佳焙烧时间为 2h，最佳吸附剂中 Cu 和 S 的摩尔比约为 1.73。

表 5-2 铜负载比和 SO$_2$焙烧时间对 Hg^{0}平均捕集效率的影响

序号	铜负载（质量分数）/%	二氧化硫焙烧时间/h	Cu$_x$S$_y$@AC 中 Cu 和 S 的摩尔比（x/y）	Hg^{0}捕获效率/%
1	2	1.5	2.32	96.78
2	5	1.5	1.78	98.82
3	8	1.5	1.42	93.67
4	10	1.5	1.21	87.98
5	5	0.5	3.64	78.32
6	5	1	2.31	97.68
7	5	2	1.73	98.85
8	5	4	1.73	98.81

5.4 Cu$_x$S$_y$@AC 对 Hg^{0}的捕获性能

5.4.1 烟气组分的影响

研究了 Hg^{0}在不同烟气组成和温度下的吸附，结果如图 5-5 所示。由图 5-5（a）可知，烟气中 SO$_2$浓度对 Hg^{0}捕集几乎没有产生影响。即使在 SO$_2$浓度高达 4.5% 的情况下，Hg^{0}的吸附效率仍然可以达到 96.89%。因此，Cu$_x$S$_y$@AC 适用于冶炼烟气 Hg^{0}的捕集。图 5-5（b）所示为烟气中 O$_2$浓度对 Hg^{0}捕集的影响。随着 O$_2$ 浓度从 0 增加到 8%，Hg^{0}的脱除效率从 99.31% 下降到 94.63%，这说明 O$_2$的存在对 Hg^{0}吸附产生不利影响。Cu$_x$S$_y$@AC 中的活性基团主要是多硫化铜，O$_2$的存

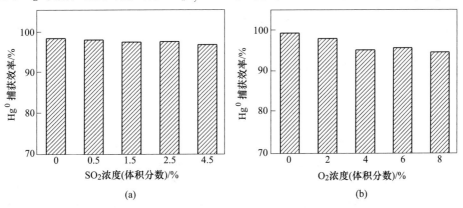

图 5-5 烟气中 SO$_2$浓度（a）和 O$_2$浓度（b）对 Hg^{0}捕获性能的影响

在会导致 Cu_xS_y@AC 中的活性位点与 Hg^0 形成竞争性氧化，从而降低 Hg^0 的吸附效率。然而，即使在高 O_2 浓度下，Cu_xS_y@AC 的 Hg^0 捕获效率仍然可以保持在94% 以上。此外，上述结果表明烟气中 SO_2 浓度和 O_2 浓度对 Hg^0 的捕获影响不大，这显然有利于 Cu_xS_y@AC 的广泛使用。

5.4.2 反应温度的影响

图 5-6 所示为 Hg^0 捕集效率随模拟冶炼烟气反应温度的变化曲线。当温度从90℃上升到 150℃，Hg^0 捕集效率从 92.56% 逐渐上升到 98.17%；继续升高反应温度，Hg^0 的捕获效率随温度的增加而下降，当反应温度为 210℃ 时，汞的脱除效率仅为 72.13%，因此 Hg^0 捕获的最佳温度为 150℃。随着温度的升高，活性硫位点容易与 Hg^0 反应。温度的升高降低了范德华力，抑制了 Hg^0 在吸附剂表面的吸收。此外，吸附 Hg^0 在 150℃ 以上的温度下分解速度加快，导致 Hg^0 捕集效率迅速下降。

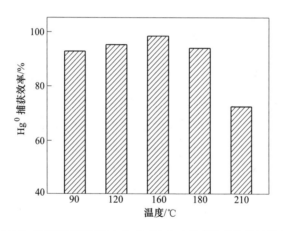

图 5-6   不同反应温度对 Cu_xS_y@AC 对 Hg^0 捕获效率的影响

5.4.3 Cu_xS_y@AC 对 Hg^0 的吸附容量

为了确定合成的 Cu_xS_y@AC 复合吸附剂对 Hg^0 的饱和吸附容量，在反应温度为 150℃ 和初始 Hg^0 浓度为 244μg/m³ 下进行长时间汞吸附性能评价，具体的反应结果如图 5-7 所示。从图中可知，当 Hg^0 吸附效率下降到 50% 时，对应的 Cu_xS_y@AC 复合材料汞吸附容量为 3924μg/g。为了评价 Cu_xS_y@AC 脱汞性能，将 Cu_xS_y@AC 对汞的吸附容量与其他报道的改性活性炭进行对比，结果见表 5-3。从表中可知，半穿透条件下，本研究制备的 AC、S@AC 和 Cu@AC 对 Hg^0 吸附容量分别为41.4μg/g、1083.6μg/g、189.5μg/g，远小于 Cu_xS_y@AC 吸附剂。对比文献中报道的 H$_2$S-AC、S-AC、CuCl$_2$-AC 和 Cu$_x$O-AC 改性吸附剂[8~12]，本研究制备的 Cu$_x$S$_y$@AC吸附剂也具备更优异的汞吸附能力。例如，CuCl$_2$-AC 和 Cu$_x$O-AC 对 Hg^{0}的吸附容量仅为 692.8μg/g 和 538.5μg/g。上述结果表明，Cu$_x$S$_y$@AC 吸附剂具备优异的脱汞性能。值得注意的是，整个测试过程中烟气中 SO$_2$浓度（体积分数）均为 1.5%，远高于燃煤、水泥等工业烟气中 SO$_2$含量，这说明 Cu$_x$S$_y$@AC具备高硫气氛下 Hg^{0}的选择性捕获性能，这位有色冶炼行业汞污染控制提供基础。

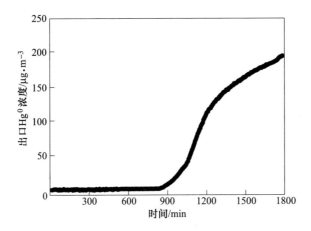

图 5-7 Cu$_x$S$_y$@AC 对 Hg^{0}的吸附曲线

（实验条件：Cu 负载量为 5%，SO$_2$焙烧时间为 1h，吸附剂质量为 0.05g，烟气流速为 600mL/min，

反应温度为 120℃，烟气成分为 244μg/m^{3}Hg^0+1.5%SO$_2$+5%O$_2$）

表 5-3 不同硫或铜改性活性炭对 Hg^{0}吸附容量对比

吸附剂	制备方法	硫或铜（质量分数）	反应条件		Hg^{0}吸附容量/μg·g^{-1}
			反应成分（体积分数）	反应温度/℃	
AC	—	—	1.5%SO$_2$+5%O$_2$	120	41.4
S@AC	活性炭样品 700℃下在纯 SO$_2$气氛下焙烧 1h	1.41%S	1.5%SO$_2$+5%O$_2$	120	1083.6
Cu@AC	活性炭样品用 Cu(NO$_3$)$_2$溶液浸渍后再在 600℃下焙烧 2h	5%Cu	1.5%SO$_2$+5%O$_2$	120	189.5
Cu$_x$S$_y$@AC	Cu@AC 样品 700℃下在纯 SO$_2$气氛下焙烧 1h	5%Cu，1.08%S	1.5%SO$_2$+5%O$_2$	120	3924
H$_2$S-AC	在混合气氛下（H$_2$S:O$_2$=1:1）下氧化	6.7%S	纯 N$_2$	室温	450

吸附剂	制备方法	硫或铜（质量分数）	反应条件		Hg⁰吸附容量/μg·g⁻¹
			反应成分（体积分数）	反应温度/℃	
S-AC	650℃下活性炭与硫粉混合	14%S	0.04%[①]SO_2+0.005%[①]HCl+6%O_2+0.04%[①]NO+12%CO_2	163	308
$CuCl_2$-AC	活性炭样品用HCl和$CuCl_2$混合溶液浸渍，然后105℃下干燥24h	8%Cu	纯N_2	150	692.8
Cu_xO-AC	活性炭样品先浸渍于$Cu(NO_3)_2$溶液，然后在500℃氮气气氛下焙烧3h	8%Cu	0.02%[①]NO+5%O_2	120	538.5

① 其百分数为质量分数。

5.5 Cu_xS_y@AC 捕获 Hg^0 的机理

5.5.1   热稳定性分析

图 5-8 所示为在氮气气氛中 30~800℃ 下的 AC、S@AC 和 Cu_xS_y@AC 的热重分析（TGA）和差热分析（DTA）曲线。一般情况下热解温度在 120℃ 以内的失重通常对应样品重水分的挥发，74.42℃ 对应的特征峰对应着 Cu_xS_y@AC 中水分的挥发，这与 AC 样品在 70.21℃ 特征对应的特征峰相似（见图 5-8（a））。从图 5-8（b）可知，Cu_xS_y@AC 样品在 306.36℃ 出现一个特征峰，这是由样品表面 Cu_xS_y 的分解造成的。同时，Cu_xS_y@AC 样品在 250℃ 以下的质量损失率明显低于 S@AC，这表明 Cu_xS_y@AC 的热稳定性优于 S@AC。热重结果表明，Cu_xS_y@AC 相对比于 S@AC 具备更加优于的热稳定性，即金属铜离子起到稳定硫的作用。高热稳定性的 Cu_xS_y@AC 材料为提高材料高温下汞捕获性能奠定基础。

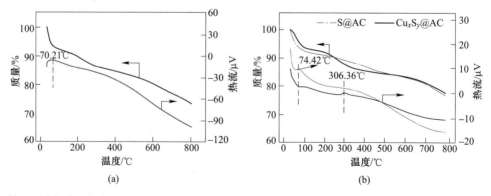

图 5-8 初始活性炭（a）、硫改性活性炭和铜多硫化物改性活性炭（b）的 TGA 和 DTA 曲线

5.5.2　活性稳定分析

一般情况下，硫或多硫化物重硫链的长度对含汞吸附剂的性能至关重要。短链硫对 Hg^0 吸附具有更高的活性。为此，采用拉曼光谱来辨别制备的吸附剂上的短链硫和长链硫的变化，其结果如图 5-9 所示。从图中可以看出，AC 样品中未见明显峰，而 S@AC 吸附剂在 a（215cm^{-1}）和 b（475cm^{-1}）两个位出现特征峰，其分别对用长链多硫化物如 S$_8$ 或 S$_8^{2-}$ 和短链多硫化物如 S$_4^-$ 或 S$_3^{-\,[13,14]}$。对于 S@AC 吸附剂，硫的特征峰主要出现在低波长区域，即表面硫主要以长链硫的形式赋存。对于 Cu$_x$S$_y$@AC 吸附剂，硫特征峰向高波长区域移动，主要以短链硫的形式赋存。上述结果表明，铜离子改性可以促进活性短链硫的形成，从而提高 Cu$_x$S$_y$@AC 对 Hg^0 的吸附能力。

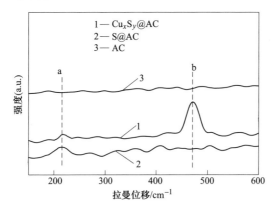

图 5-9　不同 AC、S@AC 和 Cu$_x$S$_y$@AC 吸附剂的拉曼光谱图

5.5.3　Cu$_x$S$_y$@AC 捕获汞的反应路径

为了阐明 Hg^0 的去除机理，对吸附前后 Cu$_x$S$_y$@AC 上的铜、汞、氧和硫元素的价态进行了 XPS 分析，其结果如图 5-10 所示。对于 Cu 2p 光谱可拟合成在 936.2eV 和 932.5eV 处 2 个特征峰，其分别对应 Cu^{2+} 和 Cu$^+$。由图 5-10（a）和（b）可以看出，吸附前后 Cu^{2+} 与 Cu$^+$ 的比值从 46.79：53.21 增加到 54.14：45.86，这说明 Hg^0 吸附过程中表面铜状态由 Cu^{2+} 转变为 Cu$^+$，即 Cu^{2+}/Cu$^+$ 电子对的变化起到氧化 Hg^0 的作用，从而促进 Hg^0 的脱除。

对 Hg 4f 光谱进行拟合（见图 5-10（c）和（d）），结果发现其在 104.4eV 和 100.9eV 处有 2 个峰值。前期研究报道，104.4eV 处的峰值是由于 Si 2p 信号频谱造成的[15]。由于实验过程中引入石英砂起到固定作用，因此 104.4eV 应为 Si 2p 信号带入的干扰。对于位于 100.9eV 的特征峰，其对应汞化合物，如 HgO 和 HgS。吸附后得样品中并没有在 99.8eV 发现 Hg^0 的特征吸收峰，这表明吸附剂表面的 Hg^0 被氧化，最终转化成 HgS 或 HgO。

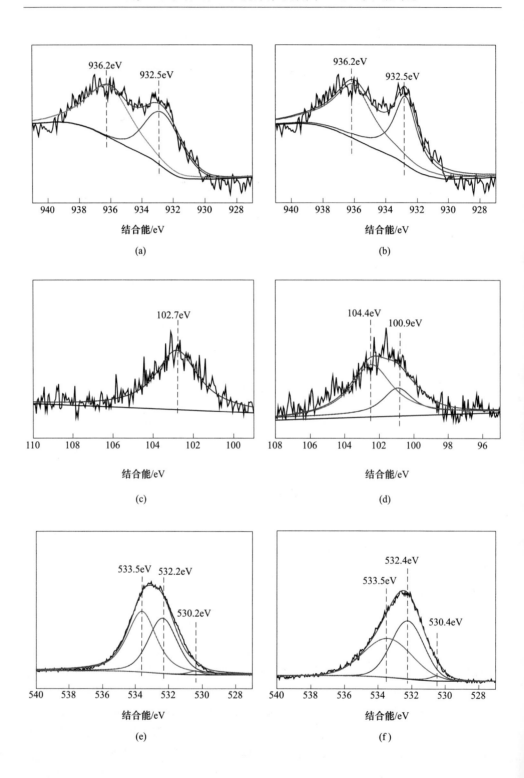

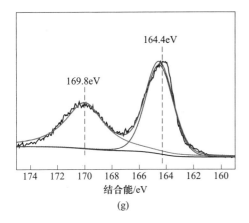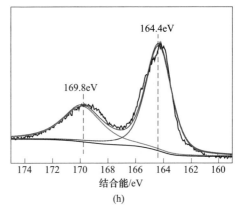

图 5-10 Cu$_x$S$_y$@AC 吸附汞前后对应的 Cu 2p、Hg 4f、O 1s 和 S 2p 的 XPS 光谱

（a）吸附前，Cu 2p；（b）吸附后，Cu 2p；（c）吸附前，Hg 4f；（d）吸附后，Hg 4f；

（e）吸附前，O 1s；（f）吸附后，O 1s；（g）吸附前，S 2p；（h）吸附后，S 2p

图 5-10（e）和（f）为吸附前后 O 1s 的 XPS 光谱。从图中可观察到 3 个特征峰，其中在 533.5eV 和 532.2eV 的 2 个吸收峰分别是对应吸附水或羟基中的表面氧和化学吸附的氧[16]。通常化学吸附氧比表面氧活性更高，在催化氧化方面起到重要作用。因此，O$_2$ 的存在理论行会促进 Hg^0 的氧化吸附。但 Hg^0 吸附后，样品表面的化学吸附氧（532.2eV）的比例从 47% 左右增加到 56%。同时，5.4.1 节中的结果表明，氧气的存在不利于 Hg^0 的吸附。上述结果表明，Cu$_x$S$_y$@AC 样品表面吸附的 Hg^0 不会化学吸附氧结合反应。

图 5-10（g）和（h）表明，Cu$_x$S$_y$@AC 吸附剂表面 S 2p 光谱在 169.8eV 和 164.4eV 处出现 2 个特征吸收峰，其分别被认为硫酸盐和多硫化物[17]。在吸附前样品中，硫酸盐与多硫化物的比例为 41.48∶58.52，这也表明吸附前吸附剂表面的硫主要以—S—S—态多硫化合物形式存在。在 Hg^0 吸附后，Cu$_x$S$_y$@AC 吸附剂的 S 2p 光谱变化不大，吸附剂表面多硫化物的比例增加。这一结果与汞捕获过程多硫化合物会消耗而导致多硫化合物比例下降相矛盾。一般金属硫化物的吸收峰出现在 162eV 左右，其与多硫化合物对应的特征峰相接近。因此，Hg^0 吸附后，对应多硫化物吸附峰的强度增加的原因可能是形成的 HgS 吸附峰与多硫化合物吸收峰重合叠加而造成的。

为了进一步确定汞吸附产物，采用 Hg-TPD 技术分析确定 Cu$_x$S$_y$@AC 表面汞的吸附形态，其结果如图 5-11 所示。从图中可以看出，吸附汞后的 Cu$_x$S$_y$@AC 样品在 275℃ 出现一个明显的解吸峰，其对应着 HgS 的特征峰，这说明 Cu$_x$S$_y$@AC 吸附剂上汞主要吸附产物为 HgS。同时在 160℃ 出现一个小的解吸峰，其可能对应物理吸附的 Hg^0。

基于上述讨论，可以认定 Hg^0 捕获的反应路径为：Hg^0 首先被物理吸附在

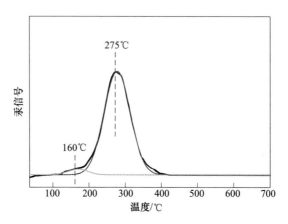

图 5-11　氮气气氛下 Cu$_x$S$_y$@AC 吸附剂的汞程序升温特解曲线

Cu$_x$S$_y$@AC表明，然后吸附的 Hg^0 与 Cu$_x$S$_y$@AC 上的活性—S—S—结合，最终形成稳定的 HgS。反应路线可表示下反应方程式表示。

$$Hg^0(g) + surface =\!=\!= Hg^0(ad) \qquad (5\text{-}1)$$

$$Hg^0(ad) + Cu_xS_y =\!=\!= Cu_xS_{y-1}[S \cdot Hg] \qquad (5\text{-}2)$$

$$Cu_xS_{y-1}[S \cdot Hg] =\!=\!= Cu_xS_{y-1} + HgS \qquad (5\text{-}3)$$

5.6　本章小结

本章通过浸渍和原位还原制备 Cu$_x$S$_y$@AC，并于 S@AC 和 Cu@AC 进行对比，考察了不同烟气组分、反应温度等因素对汞吸附捕获性能的影响，通过 TG、Raman、XPS 等表征手段分析 Cu$_x$S$_y$@AC 复合材料理化特性，揭示了铜多硫化合物对硫活性位点稳定性和活性的作用关系，阐明了汞选择性捕获的机制，得出了以下主要结论：

（1）通过浸渍+还原硫化的方法成功制备了不同 Cu/S 比的复合活性炭材料，其比表面积可达 893.47m^2/g，且在活性炭表明可形成大量含硫官能团。

（2）Cu$_x$S$_y$@AC 吸附剂最佳铜负载量为 5%，最佳硫化焙烧时间为 2h，其可在 180℃ 以内从高硫冶炼烟气中高效捕获 Hg^0，对汞的吸附容量可达 3924μg/g，脱汞性能远优于常规改性活性炭。

（3）Cu$_x$S$_y$@AC 吸附剂具有较高的热稳定性，且主要有高活性的短链硫组成。相对于表面化学吸附氧，短链硫对汞的吸附起到主要作用。烟气中 Hg^0 首先物理吸附在吸附剂表面，然后吸附的 Hg^0 与活性短链硫发生化学反应，形成 HgS，从而实现 Hg^0 的高效捕获。

参 考 文 献

[1] Xu W, Adewuyi Y, Liu Y, et al. Removal of elemental mercury from flue gas using CuO_x and CeO_2 modified rice straw chars enhanced by ultrasound [J]. Fuel Processing Technology, 2018, 170: 21~31.

[2] Zhang B, Liu J, Shen F, et al. Heterogeneous mercury oxidation by HCl over CeO_2 catalyst: Density functional theory study [J]. Journal of Physical Chemistry C, 2015, 119: 15047~15055.

[3] Zhao B, Yi H, Tang X, et al. Copper modified activated coke for mercury removal from coal-fired flue gas [J]. Chemical Engineering Journal, 2016, 286: 585~593.

[4] Kiciński W, Szala M, Bystrzejewski M, et al. Sulfur-doped porous carbons: Synthesis and applications [J]. Carbon, 2014, 68: 1~32.

[5] Suresh K, Shoaibi A, Srinivasakannan C, et al. Elemental mercury adsorption on sulfur-impregnated porous carbon-A review [J]. Environmental Technology, 2014, 35: 18~26.

[6] Feng W, Borguet E, Vidic R, Sulfurization of a carbon surface for vapor phase mercury removal——II: Sulfur forms and mercury uptake [J]. Carbon, 2006, 44: 2998~3004.

[7] Korpiel J, Vidic R, Effect of Sulfur Impregnation Method on Activated Carbon Uptake of Gas-Phase Mercury [J]. Environmental science & technology, 1997, 31: 2319~2325.

[8] Yao Y, Velpari V, Economy J, et al. Design of sulfur treated activated carbon fibers for gas phase elemental mercury removal [J]. Fuel, 2014, 116: 560~565.

[9] Hsi H, Rood M, Rostam-Abadi M, et al. Effects of sulfur impregnation temperature on the properties and mercury adsorption capacities of activated carbon fibers (ACFs) [J]. Environmental Science & Technology, 2001, 35 (13): 2785~2791.

[10] Tsai C, Chiu C, Chuang M, et al. Influences of copper (II) chloride impregnation on activated carbon for low-concentration elemental mercury adsorption from simulated coal combustion flue gas [J]. Aerosol and Air Quality Research, 2017, 17 (6): 1637~1648.

[11] Zhao B, Yi H, Tang X, et al. Copper modified activated coke for mercury removal from coal-fired flue gas [J]. Chemical Engineering Journal, 2016, 286: 585~593.

[12] Yang S, Wang D. Liu H, et al. Highly stable activated carbon composite material to selectively capture gas-phase elemental mercury from smelting flue gas: Copper polysulfide modification [J]. Chemical Engineering Journal, 2019, 358: 1235~1242.

[13] Wu H, Huff L, Gewirth A, et al. In situ Raman spectroscopy of sulfur speciation in lithium-sulfur batteries [J], ACS Applied Materials & Interfaces, 2015, 7: 1709~1719.

[14] Yang C, Yin Y, Guo Y, et al. Electrochemical (De) lithiation of 1D sulfur chains in Li-S batteries: A model system study [J], Journal of the American Chemical Society, 2015, 137: 2215~2218.

[15] Tao S, Li C, Fan X, et al. Activated coke impregnated with cerium chloride used for elemental mercury removal from simulated flue gas [J]. Chemical Engineering Journal, 2012, 210: 547~556.

[16] Zhang S, Liu, Q, Zhong Y, et al. Effect of Y doping on oxygen vacancies of TiO_2 supported MnO_x for selective catalytic reduction of NO with NH_3 at low temperature [J]. Catalysis Communications, 2012, 25: 7~11.

[17] Fantauzzi M, Elsener B, Atzei D, et al. Exploiting XPS for the identification of sulfides and polysulfides [J]. RSC Advances, 2015, 5: 75953~75963.

6 铜铁矿型铜基催化剂 CuAlO$_2$ 脱汞性能及其机理研究

一般来说，铜铁矿型双金属氧化物 ABO$_2$ 中的 A 为正一价阳离子（如 Cu$^+$，Ag$^+$ 等），B 为正三价的阳离子（如 Al^{3+}，Fe^{3+} 等）。Cu 系铜铁矿一般是六角层状晶体结构，每个 B^{3+} 位于 6 个 O^{2-} 形成的八面体位，1 个 O^{2-} 与 3 个 B^{3+} 构成四面体结构，1 个 Cu$^+$ 与四面体相连。由于一价金属阳离子空位或间隙氧离子的存在，铜铁矿结构的化合物具有丰富的 d 带空穴，可与被吸附的气体分子之间形成化学吸附键，生成表面中间产物，加速催化反应。对于催化剂而言，d 带空穴越多，能带中未占用的电子或空轨道越多，接受反应物电子配位的数目会相应越多，对反应分子的化学吸附随之越强，其催化活性就越高。催化剂的作用在于促进反应物之间的电子转移，需要催化剂具有接受电子和给出电子的双重能力。而铜铁矿型 ABO$_2$ 双金属氧化物中的 d 带空穴正具有这类特性，由于其独特的晶体结构和表面性质，已在催化领域得到广泛应用。

Cu 系铜铁矿型催化剂（如 CuAlO$_2$、CuCrO$_2$）由于其结构中存在着大量 d 带空穴且热稳定性好，对 Deacon 反应具有优异的催化活性，可以有效地将 HCl 转化为 Cl$_2$。而 Deacon 反应是氧化 Hg^0 的重要机制之一，且 RuO$_2$、IrO$_2$ 以及 CuCl$_2$ 等 Deacon 反应催化剂已被证实在 HCl 的气氛中能实现汞的高效氧化[1~3]。因此，铜铁矿型化合物是一种有前途的氧化 Hg^0 的催化剂。然而，目前鲜有利用 CuAlO$_2$ 催化剂用于脱除 Hg^0 的报道。因此，本章以 CuAlO$_2$ 催化剂为基础，通过与 SCR 催化剂对比考察其对 Hg^0 的氧化性能，并详细研究了不同烟气组分对催化剂脱汞活性的影响，最后对汞的氧化机理进行了深入的探讨。

6.1 催化剂制备及实验条件

6.1.1 催化剂制备

采用常规溶胶—凝胶法制备了催化剂 CuAlO$_2$[4]。Cu（CH$_3$COO）$_2$·H$_2$O 和 Al（NO$_3$）$_3$·9H$_2$O 分别溶于乙二醇中（Cu/Al 摩尔比为 1∶1），然后将 Al（NO$_3$）$_3$ 溶液加入 Cu（CH$_3$COO）$_2$ 溶液中。上述混合溶液在 25℃ 条件下磁力搅拌 3h 后，置于在 150℃ 油浴锅加热，使乙二醇汽化。然后将获得的干凝胶前驱体在 1200℃ 空气中焙烧 2h。最后，用去离子水洗涤固体物质数次后，在 65℃ 干燥，最终得到纯 CuAlO$_2$

催化剂。以 TiO$_2$ 为载体，采用常规浸渍法制备了含 1% V$_2$O$_5$ 和 5% WO$_3$ 的自制 SCR 催化剂，命名为 1% V$_2$O$_5$-5% WO$_3$/TiO$_2$。同时，还使用了由 WO$_3$（约 3.5%）、V$_2$O$_5$（约 1.2%）和 TiO$_2$ 组成的商业 SCR 催化剂，命名为商业 SCR。

6.1.2　实验条件

本章对合成的催化剂进行催化评价实验所用的平台如图 6-1 所示。整个催化评价脱汞系统主要由模拟烟气发生系统、催化脱汞反应系统、汞在线检测分析系统和尾气处理系统 4 个部分组成。模拟烟气发生系统主要有 N$_2$、O$_2$、SO$_2$、HCl、NO、NH$_3$、Hg^0 和 H$_2$O 组成，其中除 Hg^0 和 H$_2$O 采用单独的气态发生器，其余气体由相应标准气态进行配置。催化脱汞反应系统，由 I 型管和 Y 型管 2 个实验系统构成。汞在线监测系统由塞曼效应在线汞分析仪（Lumex RA-915M）和 Rapid 软件数据分析软件及电脑构成。塞曼效应在线汞分析仪采含汞烟气经过测试系统后进入尾气处理系统，利用高锰酸钾溶液吸收和盐酸浸渍后的活性炭吸附等手段处理尾气中残余的气态零价汞，再通过管道连接到通风橱上方继而排出。

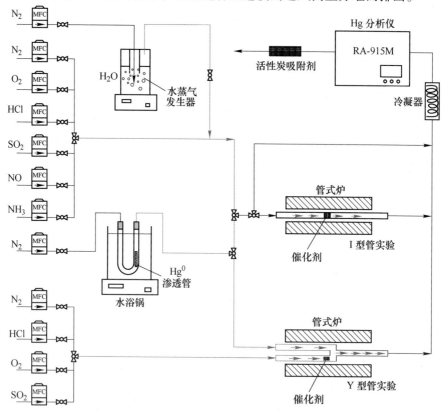

图 6-1　Hg^0 催化氧化的评价系统示意图

6.2 CuAlO$_2$催化剂的特征及性能

6.2.1 CuAlO$_2$催化剂的特征

首先，采用 XRD 表征分析 CuAlO$_2$催化剂的结构特征，结果如图 6-2 所示。CuAlO$_2$催化剂的特征衍射峰位于 15.8°、31.8°、36.8°、38.0°、42.4°、48.4°、53.0°和 57.3°处，分别对应 CuAlO$_2$（PDF#35-1401）的（003）、（006）、（101）、（012）、（104）、（009）、（107）和（018）晶面。

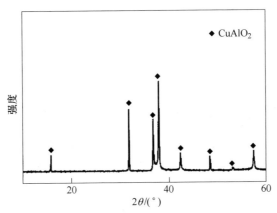

图 6-2　CuAlO$_2$催化剂的 XRD 图

为了探究 CuAlO$_2$催化剂的特征，采用 1% V$_2$O$_5$-5% WO$_3$/TiO$_2$和商业 SCR 催化剂进行比较。这三种催化剂的比表面积见表 6-1。CuAlO$_2$、1% V$_2$O$_5$-5% WO$_3$/TiO$_2$和商业 SCR 催化剂的比表面积分别为 1.3347m^2/g、58.1705m^2/g 和 61.7754m^2/g。其中，CuAlO$_2$催化剂的比表面积最小。

表 6-1　催化剂的比表面积

催化剂	比表面积/m^2·g^{-1}
CuAlO$_2$	1.3347
1% V$_2$O$_5$-5% WO$_3$/TiO$_2$	58.1705
商业 SCR	61.7754

采用 SEM 和 TEM 对 CuAlO$_2$催化剂的结构进行表征，结果如图 6-3 所示。由图可知，制备的 CuAlO$_2$催化剂表面致密，形貌不规则，粒子平均直径为 200~300nm。

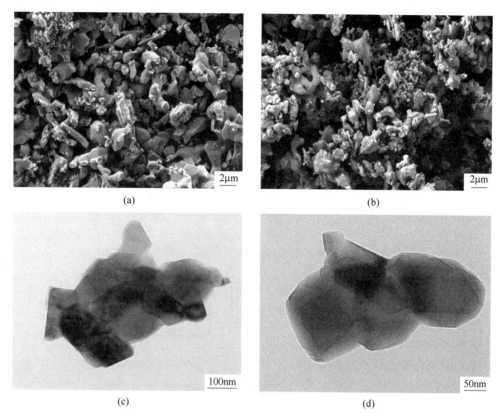

图 6-3　CuAlO₂催化剂的 SEM（a，b）和 TEM（c，d）图谱

6.2.2　不同催化剂的脱汞性能

为了评价 CuAlO₂催化剂对 Hg⁰ 的氧化性能，对 CuAlO₂、1% V₂O₅-5% WO₃/TiO₂和商业 SCR 催化剂的 Hg⁰转化速率进行比较，结果如图 6-4 所示。实验条件为：$5×10^{-5}$% HCl 和 6% O₂，催化剂用量为 2mg。

由图 6-4 可知，CuAlO₂催化剂在 250℃ 时的 Hg⁰转化速率为 27.2μg/（g·min），该值接近于 1%V₂O₅-5% WO₃/TiO₂和商业 SCR 催化剂的性能。当温度从 250℃升至 350℃时，虽然 3 种催化剂的 Hg⁰转化速率都由不同程度的增加，但是 CuAlO₂催化剂的增量是最显著的，逐步增加到 65.9μg/（g·min）。350℃ 时 CuAlO₂催化剂的 Hg⁰转化速率分别是 1% V₂O₅-5% WO₃/TiO₂和商业 SCR 催化剂的 1.5 倍和 2 倍。但是随着温度升高至 400℃，1% V₂O₅-5% WO₃/TiO₂和商业 SCR 催化剂的 Hg⁰转化速率分别急剧下降到 19.1μg/（g·min） 和 18μg（g·min），CuAlO₂催化剂的脱汞性能没有改变。这一结果表明在较宽的温度范围内，

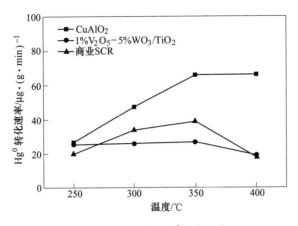

图 6-4　催化剂的 Hg^0 转化速率

CuAlO$_2$催化剂对 Hg^{0}氧化能力明显优于商业 SCR 催化剂和 1% V$_2$O$_5$-5% WO$_3$/TiO$_2$催化剂。

6.2.3　温度对催化剂性能的影响

CuAlO$_2$催化剂在不同温度下 （100~400℃） 的 Hg^{0}氧化效率如图 6-5 所示。实验条件为：0.001%HCl 和 6%O$_2$，催化剂用量为 10mg。由图可知，100~250℃时 CuAlO$_2$催化剂的 Hg^{0}氧化效率为 47.2%~74.8%。当温度增加至 300~400℃，Hg^{0}氧化效率升高至 95% 以上。该过程的反应空速为 3.35×10^6 h^{-1}，远远大于实际工业反应。这表明在实际应用中，CuAlO$_2$催化剂对工段的温度要求低，在较宽的反应温度下 （100~400℃） 对汞的氧化均有促进作用。

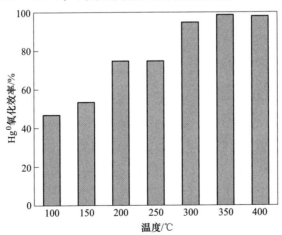

图 6-5　反应温度对 CuAlO$_2$催化剂的 Hg^{0}氧化效率的影响

6.2.4 烟气组分对催化剂性能的影响

一般来说，Hg^0 的转化效率会受烟气组分如 HCl、O$_2$、NO、NH$_3$、SO$_2$ 和 H$_2$O 的影响。因此，研究上述气体对 CuAlO$_2$ 的 Hg^0 氧化性能的影响是必不可少的，结果如图 6-6 所示。实验的催化剂用量为 10mg。SFG 气氛指 6%O$_2$、0.001%HCl、0.05%SO$_2$、0.05%NO 和 10%H$_2$O。SFG（干）指没有 H$_2$O 的 SFG 气氛。SCR 气氛为 6%O$_2$、0.001%HCl、0.05%NH$_3$ 和 0.05%NO。

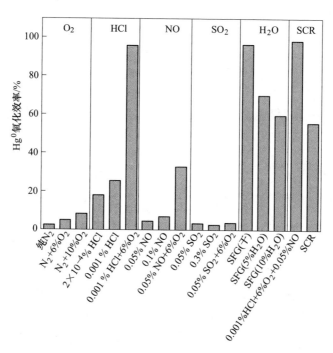

图 6-6 CuAlO$_2$ 催化剂在不同烟气组分中的 Hg^0 氧化效率

6.2.4.1 O$_2$ 的影响

如图 6-6 所示，CuAlO$_2$ 催化剂在 300℃ 的纯 N$_2$ 中的 Hg^0 氧化效率为 2.6%，可以忽略不计。当加入 6% 和 10% O$_2$ 时，计算得到的 Hg^0 氧化效率分别提高至 5.2% 和 8.5%。但是，考虑到实验误差和气体波动影响，说明 O$_2$ 对 CuAlO$_2$ 催化剂的 Hg^0 氧化作用也可以忽略。

6.2.4.2 HCl 的影响

HCl 是烟气中能促进 Hg^0 氧化的重要物质之一。如图 6-6 所示，CuAlO$_2$ 催化剂的 Hg^0 氧化效率在 2×10^{-4}% HCl 下达到 17.9%。进一步提高 HCl 浓度至 0.001%，Hg^{0}氧化效率可提高至 25.5%。有研究证明，HCl 可以在催化剂表面生成活性氯，用 Cl* 表示，对 Hg^0 的氧化有很大的益处[5,6]。但 HCl 的促进作用并不明显，可能是由于活性位点的消耗。将 6%O$_2$ 引入气氛中，Hg^0 的氧化效率提高到 96.1%，说明 O$_2$ 的加入有利于活性位点的恢复。

6.2.4.3 NO 的影响

如图 6-6 所示，在 NO 浓度为 0.05% 和 0.1% 时，Hg^0 的氧化效率分别仅为 4.7% 和 7%。但是加入 6%O$_2$ 后，CuAlO$_2$ 催化剂的 Hg^0 氧化效率提高到 32.9%。这是由于在 NO 和 O$_2$ 协同作用能促进催化剂表面生成 NO$^+$ 和 NO$_2$ 等中间活性物质，它们有利于 Hg^0 的氧化。

6.2.4.4 SO$_2$ 的影响

在以往的报道中，SO$_2$对 Hg^{0}氧化的影响有促进、抑制或中性作用[7,8]。如图 6-6 所示，含 SO$_2$ 或 SO$_2$+O$_2$ 的烟气对 CuAlO$_2$ 催化剂的 Hg^0 氧化没有明显的改善。而 SO$_2$ 能明显抑制 CuAlO$_2$ 催化剂在 HCl+O$_2$ 气氛中的 Hg^0 氧化效率，结果如图 6-7 所示。实验条件为：6%O$_2$，0.001%HCl，0.05%～0.3%SO$_2$ 和 0.05%NO。催化剂用量为 10mg。

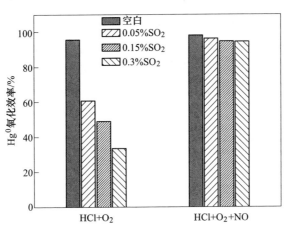

图 6-7 300℃时，SO$_2$ 对 CuAlO$_2$ 催化剂的 Hg^0 氧化效率的影响

由图可知，加入 0.5%SO$_2$ 后，脱汞效率从 96.1% 下降到 61.4%。当 SO$_2$ 浓度进一步增加到 0.15% 和 0.3% 时，CuAlO$_2$ 催化剂上 Hg^0 的氧化效率分别降低到 49.3% 和 33.8%。SO$_2$ 对 Hg^0 氧化的抑制作用可能是因为：（1）竞争消耗反应活性物质；（2）与 HCl 或 Hg^0 在催化活性位点的竞争吸附。通过实验发现，引入

NO 可以有效降低 SO$_2$ 对 CuAlO$_2$ 催化剂对 Hg^0 氧化的抑制作用，结果如图 6-7 所示。在含 HCl、O$_2$ 和 NO 的烟气中引入不同浓度的 SO$_2$（0.05%、0.15% 和 0.3%）时，Hg^0 的氧化效率几乎没有显著降低。这可能是由于 SO$_2$ 吸附在催化剂的表面形成了布朗斯特酸性位点，有利于 NO 的氧化和转化为 N—O 活性物种[9]。这些 N—O 活性物种能与 Hg^0 反应生成 Hg(NO$_3$)$_2$。此外，SO$_2$ 可以通过均相或多相反应被 NO$_x$ 催化成 SO$_3$，从而导致 SO$_3$ 对 Hg^0 的氧化作用增加。而一般有色金属冶炼工业烟气中含有一定浓度的 NO（0.02%~0.1%），说明 CuAlO$_2$ 催化剂在实际冶炼烟气的条件下能适应高硫的环境，实现汞的氧化。

6.2.4.5　H$_2$O 的影响

H$_2$O 对 CuAlO$_2$ 催化剂的 Hg^0 氧化性能的影响如图 6-8 所示。当加入 5% H$_2$O 时，Hg^0 氧化效率从 96.6% 减少至 70.1%。随着 H$_2$O 的浓度增加至 10%，CuAlO$_2$ 催化剂略有下降，约为 59.9%。一旦 H$_2$O 被切断，CuAlO$_2$ 催化剂的活性立即恢复。H$_2$O 的抑制作用主要有 2 个原因：（1）H$_2$O 会与 Hg^0 或 HCl 竞争吸附；（2）H$_2$O 可以消耗活性氯物种[10,11]。为了证实其机理，进一步考察了在高 HCl 浓度下 CuAlO$_2$ 催化剂的 Hg^0 氧化性能，结果如图 6-8 所示。实验条件为：6% O$_2$，0.001%~0.002% HCl，0.05% NO，0.05% SO$_2$ 和 5%~10% H$_2$O。催化剂用量为 10mg。当 HCl 浓度提高至 20ppm 时，CuAlO$_2$ 催化剂的 Hg^0 氧化效率在 5% 和 10% H$_2$O 条件下的脱汞效率分别增加至 95.4% 和 91.4%。随着 HCl 浓度的增加，Cl* 或 Cl$_2$ 的产量增加，Hg^0 氧化增强。因此，H$_2$O 主要是通过消耗 Cl* 或 Cl$_2$ 等活性氯而抑制 CuAlO$_2$ 催化剂的 Hg^0 氧化。虽然 H$_2$O 对汞的氧化有抑制作用，但是 CuAlO$_2$ 催化剂在高 HCl 浓度的 SFG 条件下，Hg^0 的氧化效率也可以达到 97.9% 以上。

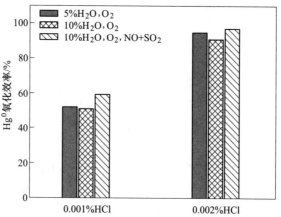

图 6-8　300℃时，H$_2$O 对 CuAlO$_2$ 催化剂的 Hg^0 氧化效率的影响

6.2.4.6　NH₃的影响

NH₃是 SCR 脱硝反应的重要还原物质，因此催化剂的抗氨中毒的能力也是评价其脱汞性能优劣的一个重要指标。图 6-9 探究了 NH₃对 CuAlO₂催化剂脱汞的影响。由图可知，当加入 0.05% NH₃时，CuAlO₂催化剂的 Hg^0 氧化效率从 98.6% 降至 55.8%。这说明 NH₃对汞的氧化有强烈的抑制作用，由于它与 HCl 或活性 Cl^* 物种竞争吸附。但是，关掉 NH₃后，该抑制作用会消失，催化活性恢复（见图 6-9）。实验条件为：6% O_2、0.001% HCl、0.05% NH₃和 0.05% NO。值得注意的是，该实验的催化剂用量为 10mg，所对应的 GHSV 为 $3.35\times10^6 h^{-1}$，远高于实际烟气的空速。因此，它在 SCR 气氛仍具有优异的应用潜力。

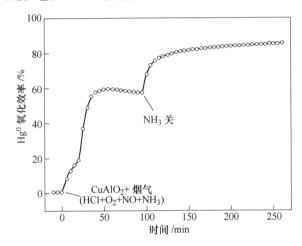

图 6-9　NH₃对 CuAlO₂催化剂的 Hg^0 氧化效率的影响（300℃）

6.3　CuAlO₂催化剂脱汞反应机理

6.3.1　Deacon 反应验证

已有的研究证明 CuAlO₂催化剂能有效催化 Deacon 反应[12]，即 HCl 与 O_2 在催化剂表面反应生成产物 Cl_2，该产物有利于 Hg^0 的氧化[13]。此外，活性氯（Cl_2 或 Cl 原子）的生成可以确定 Deacon 过程。因此，通过 Y 型管和 I 型管实验对 CuAlO₂催化剂的汞氧化机理进行了初步验证，实验过程及结果分别如图 6-10 和图 6-11 所示。

Deacon 氧化 Hg^0 的过程包括 2 个步骤：（1）在催化剂表面作用生成 Cl_2；（2）Cl_2 与 Hg^0 反应生成 $HgCl_2$。因此，将反应气氛（HCl、O_2 或 SO_2）和 Hg^0 分别置于 Y 型管的两个分支中。Y 型管实验示意图如图 6-10（a）所示。实验条件

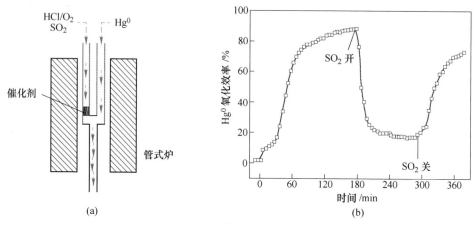

图 6-10　Y 型管实验示意图（a）和 Y 型管中 CuAlO₂ 催化剂的 Hg⁰ 氧化效率（b）

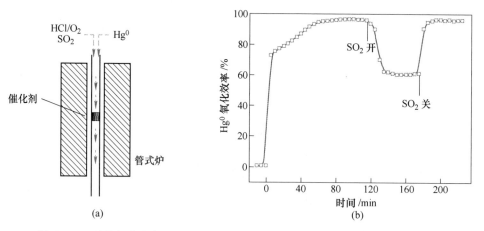

图 6-11　I 型管实验示意图（a）和 I 型管中 CuAlO₂ 催化剂的 Hg⁰ 氧化效率（b）

为：300℃，6%O₂、0.001%HCl 和 0.05%SO₂。试验前，在 2 种空白管（Y 型管和 I 型管）上进行了 HCl/O₂/SO₂/Hg⁰ 的均相脱汞实验，结果如图 6-12 所示。结果表明，在没有 CuAlO₂ 催化剂的情况下，包括 HCl/O₂/SO₂ 在内的气氛均不能氧化 Hg⁰。但是，当 CuAlO₂ 催化剂加入 Y 型管的左侧时，3h 内 Hg⁰ 的氧化效率缓慢升高到 87.8%，结果如图 6-10（b）所示。当反应气氛通过 Y 管左侧支管的 CuAlO₂ 催化剂时，持续不断产生 Cl₂。由于 Hg⁰ 与 Cl₂ 的反应速率较慢，只有当 Cl₂ 浓度达到一定浓度时，才能更有效地氧化 Hg⁰。此外，当加入 0.05% 的 SO₂ 时，Hg⁰ 的氧化效率降低到 16.8%。因为在 Deacon 反应中，SO₂ 很容易抑制 Cl₂ 的生成。但是，关闭 SO₂ 后，CuAlO₂ 催化剂的 Hg⁰ 氧化能力可以迅速恢复，结果如

图 6-10（b）所示。催化剂的产氯过程对 SO_2 的敏感性也表明，$CuAlO_2$ 催化剂上 Hg^0 的主要氧化机制是 Deacon 反应。

为了更好地阐明 $CuAlO_2$ 催化剂上 Hg^0 的氧化机理，进行了 I 型管实验，结果如图 6-11 所示。当反应气氛（$HCl+O_2$）与 Hg^0 一起通过 $CuAlO_2$ 催化剂时，脱汞效率为 96.2%。且达到稳定的 Hg^0 氧化效率的时间小于 1 h，是 Y 型管实验的 1/3。因此，在 $CuAlO_2$ 表面可能存在另一种机制氧化 Hg^0。在 I 型管中加入 SO_2 后，Hg^0 氧化效率仅下降到 61%，是同等条件下 Y 型管中催化剂脱汞效率的 3.6 倍。当切断 SO_2，脱汞活性可以完全恢复到 96%。这表明 $CuAlO_2$ 催化剂上 Hg^0 的氧化也依赖于活性 Cl 原子（活性 Cl^* 来源于部分 Deacon 反应）。因为活性 Cl 原子对 Hg^0 氧化更有利，对 SO_2 的敏感性也更低。综上所述，$CuAlO_2$ 催化剂氧化 Hg^0 的机制为 Deacon 反应和部分 Deacon 反应。

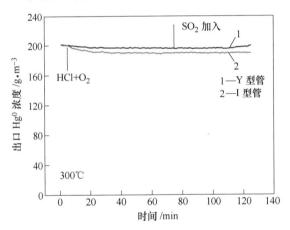

图 6-12　300℃且没有催化剂时，反应管出口的 Hg^0 浓度

6.3.2　HCl 的参与路径

HCl 是参与 $CuAlO_2$ 催化剂氧化 Hg^0 的重要气体组分。为了阐明 Hg^0 氧化过程中 HCl 的反应路径，对 $CuAlO_2$ 催化剂进行了预处理实验，结果如图 6-13 所示。预处理条件为：300℃，$CuAlO_2$ 催化剂用 HCl 气体预处理 3h，再用纯 N_2 吹扫 0.5h 后得到样品，命名为（HCl）/$CuAlO_2$。

如图 6-13 所示，（HCl）/$CuAlO_2$ 催化剂在 N_2 中几乎没有去除 Hg^0 的能力。因为 HCl 吸附产生的活性原子 Cl 会生成 Cl_2，逃逸到气相中。这也说明了 $CuAlO_2$ 催化剂的汞催化氧化机制是 Deacon 反应。但是一旦加入 HCl，出口的 Hg^0 浓度明显下降。表明 HCl 在催化剂上生成的活性 Cl 的停留时间短，只有持续不断地通入 HCl 气体，才能获得稳定的脱汞效率。

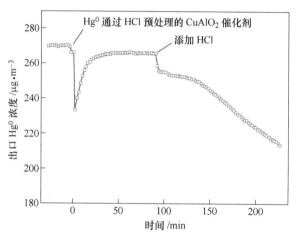

图 6-13   300℃时，CuAlO₂催化剂反应后的出口 Hg⁰浓度

6.3.3 反应前后元素价态变化

为了进一步验证 Deacon 反应在 CuAlO₂催化剂上的反应路径，对 CuAlO₂催化剂反应前后的 XPS 图谱进行分析，如图 6-14 所示。对于图 6-14（a）中的反应前的 CuAlO₂催化剂，在 Cu 2p 的 XPS 图谱中出现了两个特征峰 932.3eV 和 934.7eV，分别对应于 Cu⁺和 Cu²⁺。Cu⁺和 Cu²⁺所占比例分别为 81.3% 和 18.7%。而 XRD 结果（见图 6-2）表明样品中只有 CuAlO₂相。因此，Cu²⁺来源于空气中的氧在 CuAlO₂表面的吸附和氧化[14,15]。对于反应后的 CuAlO₂催化剂，Cu⁺峰的结合能略微增加至 932.4eV，而 Cu²⁺峰消失。Cu 2p 的特征卫星峰通常用来鉴别铜的不同氧化态。反应前后催化剂上的 Cu 2p 的卫星峰没有明显的变化，如图 6-15所示。这表明反应后的催化剂也只有 CuAlO₂相，与 XRD 结果一致。同时，图 6-14（b）为 72~80eV 的结合能，该特征峰代表 Cu 3p（74.4~77.2eV）和 Al 2p（73.3eV）共存。反应后的 Al 2p 略微上升至 73.7eV，与 Cu 2p 峰的变化趋势一致。Cu 和 Al 的结合能分别增加了 0.1eV 和 0.4eV。这是由于 HCl 在金属表面的吸附和解离造成的[16]。通过 Cl 2p 的表征结果发现反应后 CuAlO₂催化剂表面也出现了吸附的 HCl 和 Cl⁻，如图 6-16 所示。

图 6-14（c）为反应前后 CuAlO₂催化剂的 O 1s 的 XPS 图谱，其中位于 530.2~530.3eV、531.1eV 和 532.2eV 处的峰分别表示晶格氧 O-Cu⁺、晶格氧 O-Al³⁺和吸附氧。催化剂上晶格氧（O$_\alpha$）和吸附氧（O$_\beta$）所占的比例见表 6-2。反应前的 CuAlO₂催化剂上的氧主要为晶格氧 O$_\alpha$（包括晶格氧 O-Cu⁺和晶格氧 O-Al³⁺）。少量的吸附氧 O$_\beta$来自表面吸附的氢氧根或水合物（OH$_{ads}$）。催化剂在 HCl 气氛中进行脱汞反应后，晶格氧 O$_\alpha$减少，转化为吸附氧（O$_\beta$）。Grimaud 等人[17]发现共

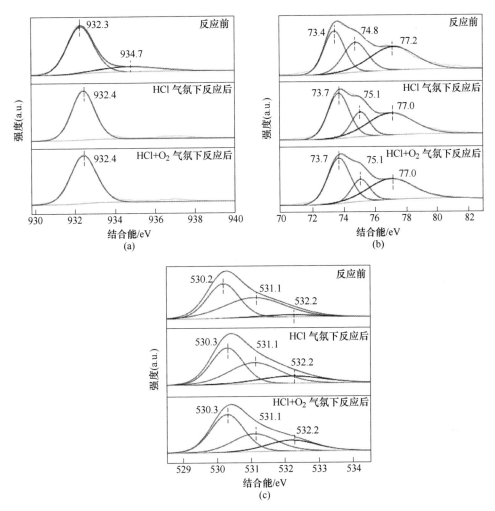

图 6-14 反应前后 CuAlO₂ 催化剂的 XPS 图谱

(a) Cu 2p；(b) Al 2p；(c) O 1s

价金属—氧键的存在可以激活析氧反应中的晶格氧，促进新的催化氧化途径。反应过程中形成的高价金属离子也可以激活晶格氧[18]。另外，反应后 CuAlO₂ 催化剂上 Cu 和 Al 的价态都呈现上升趋势。因此，晶格氧 O$_\alpha$ 下降的原因是其被激活形成活性氧位点。然后，HCl 在活性氧位点上进行吸氢反应，形成活性氢氧根和活性 Cl*。活性氢氧根也可以与 HCl 反应生成活性 Cl*。当继续加入 O₂ 后，更多的吸附氧 O$_\beta$ 生成，从而进一步促进汞的氧化。O₂ 可以恢复已消耗的晶格氧 O$_\alpha$，而晶格氧 O$_\alpha$ 的数量没有增加是由于其进一步转换为吸附氧 O$_\beta$ 了。更多的吸附氧 O$_\beta$ 进一步提高 HCl 活化为 Cl* 的能力，极大地促进了汞的氧化。

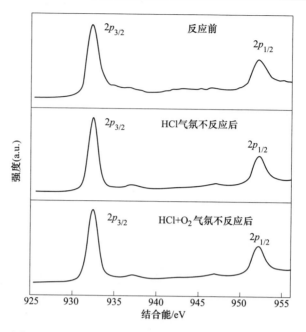

图 6-15 反应前后 CuAlO₂ 催化剂的 Cu 2p 的 XPS 图谱

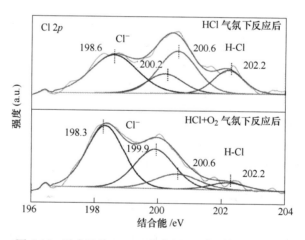

图 6-16 反应后的 CuAlO₂ 催化剂的 Cl 2p 的 XPS 图谱

表 6-2 催化剂上晶格氧（O_α）和吸附氧（O_β）所占的比例   （%）

催化剂	O_α/O_{total}	O_β/O_{total}
反应前 CuAlO₂	95.1	4.9
反应后 CuAlO₂(HCl)	83.1	16.9
反应后 CuAlO₂(HCl+O₂)	79.4	20.6

6.3.4　脱汞反应路径推测

综上所述，$CuAlO_2$ 催化剂的脱汞机制主要遵循 Deacon 反应和部分 Deacon 反应，如图 6-17 所示。反应方程式（6-1）~式（6-7）展示了 Hg^0 在 $CuAlO_2$ 催化剂上催化氧化的可能反应途径。一方面，HCl 在催化剂表面的活性氧位点吸附和解离，产生 $OH_{(ads)}$ 和活性 Cl^*，另一方面，生成的 $OH_{(ads)}$ 可以激活更多的 HCl 形成活性 Cl^*。两部分活性 Cl^* 均能反应产生 Cl_2 气体。活性 Cl^* 和 Cl_2 分别与 Hg^0 直接反应生成气态 $HgCl_2$。另外，可以通过气相 O_2 来恢复已消耗的活性氧。

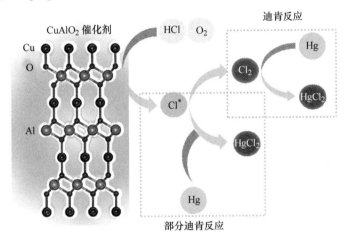

图 6-17　$CuAlO_2$ 催化剂上的 Hg^0 氧化机理示意图

$$HCl(g) \longrightarrow HCl(ads) \tag{6-1}$$

$$O_2(g) \longrightarrow 2[O](ads) \tag{6-2}$$

$$HCl(ads) + [O](ads) \longrightarrow OH(ads) + Cl^* \tag{6-3}$$

$$HCl(ads) + OH(ads) \longrightarrow H_2O(g) + Cl^* \tag{6-4}$$

$$Hg^0(g) + 2Cl^* \longrightarrow HgCl_2(g) \tag{6-5}$$

$$Cl^* + Cl^* \longrightarrow Cl_2(g) \tag{6-6}$$

$$Hg^0(g) + Cl_2(g) \Longrightarrow HgCl_2(g) \tag{6-7}$$

6.4　本章小结

本章将 $CuAlO_2$ 催化剂用于烟气中 Hg^0 的氧化，通过与 SCR 催化剂对比探究了其对 Hg^0 的氧化性能，考察了温度和烟气组分对 $CuAlO_2$ 催化剂脱汞活性的影响。最后通过设计实验和 XPS 表征分析对汞的氧化机理进行了深入的探讨。得到的结论如下：

（1）通过常规溶胶—凝胶法制备了铜铁矿型催化剂 $CuAlO_2$，其结构有利于汞的氧化。当反应空速为 3.35×10^6 h^{-1} 时，CuAlO$_2$ 催化剂的脱汞效率随着温度升高而增大，300℃时的脱汞效率达到 95% 以上。与商业 SCR 催化剂和 1% V$_2$O$_5$-5% WO$_3$/TiO$_2$ 催化剂相比具有更宽的反应温度窗口和更快的反应速率。

（2）在 SCR 和 SFG 条件下，CuAlO$_2$ 催化剂的 Hg^0 氧化效率分别为 89.6% 和 97.9%。O$_2$ 与 NO 的共存可以在 CuAlO$_2$ 催化剂上产生活性氮氧化物，促进 Hg^0 的氧化。HCl 可以被活化为活性 Cl* 或 Cl$_2$，从而提高 Hg^0 的转化率。SO$_2$、H$_2$O 和 NH$_3$ 通过占据或消耗活性位点，导致催化剂的可逆中毒，抑制 Hg^0 氧化。但是 NO 能促进 Hg^0 在 HCl+O$_2$ 中的氧化且 NO 的促进作用可以降低 SO$_2$ 的抑制作用。提高 HCl 浓度也能有效地抵消 H$_2$O 对催化剂的毒害。

（3）CuAlO$_2$ 催化剂的汞氧化机制遵循 Deacon 反应和部分 Deacon 反应。首先，HCl 在催化剂表面的活性氧位点催化转化，生成 Cl$_2$ 或 Cl*；随后气态 Hg^0 再与 Cl$_2$ 或 Cl* 发生氧化反应生成 HgCl$_2$，反应过程中 O$_2$ 能恢复已消耗的活性氧位点。

参 考 文 献

[1] Yan N, Chen W, Chen J, et al. Significance of RuO$_2$ modified SCR catalyst for elemental mercury oxidation in coal-fired flue gas [J]. Environmental Science & Technology, 2011, 45 (13): 5725~5730.

[2] Over H, SchomaCker R. What makes a good catalyst for the deacon process? [J]. ACS Catalysis, 2013, 3 (5): 1034~1046.

[3] Chen W, Pei Y, Huang W, et al. Novel effective catalyst for elemental mercury removal from coal-fired flue gas and the mechanism investigation [J]. Environmental Science & Technology, 2016, 50 (5): 2564~2572.

[4] Lyu L, Yan D, Yu G, et al. Efficient destruction of pollutants in water by a dual-reaction-center fenton-like process over carbon nitride compounds-complexed Cu (Ⅱ)-CuAlO$_2$ [J]. Environmental Science & Technology, 2018, 52 (7): 4294~4304.

[5] Suleiman I A, Radny M W, Gladys M J, et al. Water formation via HCl oxidation on Cu (100) [J]. Applied Surface Science, 2014, 299: 156~161.

[6] Yang Y, Liu J, Zhang B, et al. Experimental and theoretical studies of mercury oxidation over CeO$_2$-WO$_3$/TiO$_2$ catalysts in coal-fired flue gas [J]. Chemical Engineering Journal, 2017, 317: 758~765.

[7] Li H, Li Y, Wu C, et al. Oxidation and capture of elemental mercury over SiO$_2$-TiO$_2$-V$_2$O$_5$ catalysts in simulated low-rank coal combustion flue gas [J]. Chemical Engineering Journal, 2011, 169 (1~3): 186-193.

［8］ Yang Z, Li H, Liu X, et al. Promotional effect of CuO loading on the catalytic activity and SO_2 resistance of MnO_x/TiO_2 catalyst for simultaneous NO reduction and Hg^0 oxidation ［J］. Fuel, 2018, 227: 79~88.

［9］ Xu W, Tong L, Qi H, et al. Effect of flue gas components on Hg^0 oxidation over Fe/HZSM-5 catalyst ［J］. Industrial & Engineering Chemistry Research, 2014, 54 (1): 146~152.

［10］ Yang Z, Li H, Liu X, et al. Promotional effect of CuO loading on the catalytic activity and SO_2 resistance of MnO_x/TiO_2 catalyst for simultaneous NO reduction and Hg^0 oxidation ［J］. Fuel, 2018, 227: 79~88.

［11］ Xiong S, Xiao X, Huang N, et al. Elemental mercury oxidation over Fe-Ti-Mn spinel: Performance, mechanism, and reaction kinetics ［J］. Environmental Science & Technology, 2016, 51 (1): 531~539.

［12］ Mondelli C, Amrute A P, Schmidt T, et al. A delafossite-based copper catalyst for sustainable Cl_2 production by HCl oxidation ［J］. Chemical communications, 2011, 47 (25): 7173~7175.

［13］ Guo Y, Yan N, Yang S, et al. Conversion of elemental mercury with a novel membrane catalytic system at low temperature ［J］. Journal of Hazardous Materials, 2012, 213: 62~70.

［14］ Shen T, Tang Y, Lu X Y, et al. Mechanisms of copper stabilization bymineral constituents in sewage sludge biochar ［J］. Journal of cleaner production, 2018, 193: 185~193.

［15］ Lin K, Pan C, Chowdhury S, et al. Synthesis and characterization of $CuO/ZnO-Al_2O_3$ catalyst washcoat thin films with ZrO_2 sols for steam reforming of methanol in a microreactor ［J］. Thin Solid Films, 2011, 519 (15): 4681~4686.

［16］ Pang X, Shi L, Wang P, et al. Influences of bias voltage on mechanical and tribological properties of Ti-Al-C films synthesized by magnetron sputtering ［J］. Surface and Coatings Technology, 2009, 203 (10-11): 1537~1543.

［17］ Grimaud A, Diaz-Morales O, Han B, et al. Activating lattice oxygen redox reactions in metal oxides to catalyse oxygen evolution ［J］. Nature chemistry, 2017, 9 (5): 457.

［18］ Su X, Wang Y, Zhou J, et al. Operando spectroscopic identification of active sites in NiFe prussian blue analogues as electrocatalysts: Activation of oxygen atoms for oxygen evolution reaction ［J］. Journal of the American Chemical Society, 2018, 140 (36): 11286~11292.

7 Pd-CuCl₂ 催化剂对冶炼高硫烟气中汞的催化氧化研究

<<<<<<<<<<<<<<<<<<<<<<<<<<<<<<<<<<<<<<<<<<<<<<<<<<<<<<<<<<<<<<<<<<<<<<<<<<

$CuCl_2$ 催化剂具有优异的脱汞能力和较高的抗硫性能，目前已普遍用于燃煤烟气脱汞的研究，是一类具有潜在优势的催化剂材料。Li 和 Liu 等人[1,2] 报道 $CuCl_2$ 催化剂在 0.2% SO_2 存在时能实现 90% 以上的 Hg^0 氧化效率，且能维持 140h 以上。Yang 等人[3] 发现 $CuCl_2$ 改性后的磁珠脱汞剂具有良好的抗 SO_2 中毒能力，当 SO_2 浓度升至 0.16% 时，仍能保持 85% 以上的 Hg^0 氧化效率。但对有色金属冶炼工业而言，其高硫高汞的烟气特征与燃煤烟气的低硫低汞特征有着显著区别，具有抗硫性能的 $CuCl_2$ 催化剂在高硫条件下（$SO_2 \geq 0.5\%$）仍然会迅速失活，从而制约 $CuCl_2$ 催化剂的应用。而贵金属催化剂如 Pd、Au 等由于其独特的电子结构表现出了优异的抗硫性能。因此，本章通过有效复合贵金属的抗硫性能与贱金属的脱汞性能的手段，利用少量贵金属 Pd 改性 $CuCl_2$ 催化剂，以解决冶炼烟气高效催化氧化脱汞的难题。尽管目前贵金属与贱金属的复合很少用于汞的脱除，但在其他的催化领域已被广泛研究和应用：（1）形成核壳结构，抑制副反应的发生，提升催化活性。Maeda 等人[4] 发现 Rh、Pt 等贵金属与 Cr_2O_3 形成的金属/金属氧化物核壳催化材料，有效抑制了氢氧复合生成水的副反应，显著提升了光催化分解水的效率；（2）形成贵金属和贱金属氧化物界面，改变反应物活性。Pd/CeO_2 复合催化剂上被发现其 Pd-Ce 晶界上易形成空穴，从而有效提升了 CO 选择性氧化反应活性[5]。此外，双金属复合还可以实现：（1）提升电子传输性能；（2）改变催化剂对气体的吸附特性；（3）提高金属的分散度，增强气体的逸流作用。因此，Pd-$CuCl_2$ 复合催化剂的设计调控为实现高硫烟气中汞的选择性催化氧化提供了广阔的可行空间。

本章采用等体积浸渍法合成了 Pd/$CuCl_2$/γ-Al_2O_3 催化剂，在固定床实验系统上研究对比研究了 $CuCl_2$/γ-Al_2O_3 和 Pd/$CuCl_2$/γ-Al_2O_3 催化剂对模拟烟气中汞的催化氧化能力，考察了催化剂组成、烟气成分等因素对汞催化氧化的影响，阐明了 Pd/$CuCl_2$/γ-Al_2O_3 催化剂上汞的催化氧化机理及 Pd-Cu 复合抗硫性机制，为高硫烟气中汞的催化氧化控制技术奠定理论基础。

7.1 催化剂制备

实验所需的 Pd/$CuCl_2$/γ-Al_2O_3、Pd/γ-Al_2O_3 和 $CuCl_2$/γ-Al_2O_3 催化剂采用等

体积浸渍—焙烧法制备。以制备 $Pd/CuCl_2/\gamma\text{-}Al_2O_3$ 为例，首先，将 $Pd(NH_3)_4Cl_2$ 和 $CuCl_2 \cdot 2H_2O$ 在室温下分别溶解于去离子水中，配成 $Pd(NH_3)_4Cl_2$ 和 $CuCl_2$ 溶液。然后将 $Pd(NH_3)_4Cl_2$ 溶液等体积浸渍于 $\gamma\text{-}Al_2O_3$ 上，使用超声振荡浸渍 10min，60℃条件下干燥 8h 后命名为催化剂前驱体 A。随后，再将 $CuCl_2$ 溶液等体积浸渍于催化剂前驱体 A 上。同样地，使用超声振荡浸渍 10min，室温下干燥 8h 后命名为催化剂前驱体 B。最后将催化剂前驱体 B 在静态气氛的马弗炉中焙烧 5h（升温程序设定为 200℃ 1h，300℃ 1h，400℃ 3h），自然降温后得到 $Pd/CuCl_2/\gamma\text{-}Al_2O_3$ 催化剂。$Pd/\gamma\text{-}Al_2O_3$ 和 $CuCl_2/\gamma\text{-}Al_2O_3$ 催化剂均采用与 $Pd/CuCl_2/\gamma\text{-}Al_2O_3$ 催化剂相同的方法和步骤制备。所有焙烧后的固体产物经过研磨过筛，得到 0.25~0.425mm（60~40 目）的催化剂待用。（注：如果没有特别注释，$CuCl_2$ 的负载量为 3.10%，Pd 的负载量为 0.19%。）

7.2 催化剂表征及性能

7.2.1 催化剂表征

对 $Pd/CuCl_2/\gamma\text{-}Al_2O_3$，$Pd/\gamma\text{-}Al_2O_3$ 和 $CuCl_2/\gamma\text{-}Al_2O_3$ 催化剂分别进行 BET 和 XRD 分析。$Pd/CuCl_2/\gamma\text{-}Al_2O_3$ 和 $CuCl_2/\gamma\text{-}Al_2O_3$ 催化剂的比表面积（BET）见表 7-1，纯 $\gamma\text{-}Al_2O_3$ 比表面积最大为 225.0170m^2/g。将 $CuCl_2$ 和 $Pd/CuCl_2$ 分别浸渍于载体 $\gamma\text{-}Al_2O_3$ 上后，材料比表面积分别为 199.9836m^2/g 和 199.3026m^2/g，均有些许下降，说明 $CuCl_2$ 和 Pd 成功负载于载体上。

表 7-1 催化剂比表面积

催化剂	BET 比表面积/$m^2 \cdot g^{-1}$
$\gamma\text{-}Al_2O_3$	225.0170
$CuCl_2/\gamma\text{-}Al_2O_3$	199.9836
$Pd/CuCl_2/\gamma\text{-}Al_2O_3$	199.3026

$Pd/CuCl_2/\gamma\text{-}Al_2O_3$，$Pd/\gamma\text{-}Al_2O_3$ 和 $CuCl_2/\gamma\text{-}Al_2O_3$ 催化剂的 XRD 图谱如图 7-1 所示。通过与标准图谱的对比可知每个峰对应的晶相。三种样品的图谱只能观测到 $\gamma\text{-}Al_2O_3$ 的特征峰，均未检测到 $CuCl_2$ 和 Pd 相关的物质，这可能是由于 $CuCl_2$ 和 Pd 的负载量低于 XRD 的检测限或以非晶形式均匀分布于载体表面。

7.2.2 不同负载量的催化剂脱汞性能

第一组实验考察了 $Pd/CuCl_2/\gamma\text{-}Al_2O_3$ 催化剂上 Hg^0 催化氧化效率随 Pd 负载量的变化趋势，结果如图 7-2 所示。实验条件为：150℃、6% O_2 和 0.001% HCl。本章只考虑 $Pd/CuCl_2/\gamma\text{-}Al_2O_3$ 催化剂在模拟烟气下对汞的催化氧化能力，即 Hg^0 氧化成 Hg^{2+}，因此每次催化实验前都会对催化剂进行 Hg^0 的饱和吸附实验。

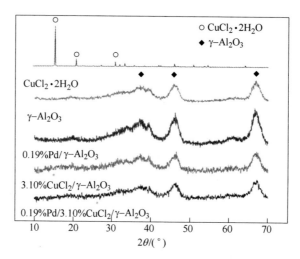

图 7-1　催化剂的 XRD 衍射图

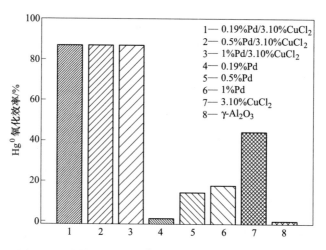

图 7-2　不同催化剂对 Hg^0 的氧化性能（载体：γ-Al$_2$O$_3$）

　　由图可知，150℃时，纯 γ-Al$_2$O$_3$ 载体对零价汞基本没有催化氧化能力，脱除效率低于 1%。Pd 负载于 γ-Al$_2$O$_3$ 载体上后，随着 Pd 的负载量从 0.19% 升高至 1%，Pd/γ-Al$_2$O$_3$ 催化剂的 Hg^0 氧化效率随之增加，说明 Pd 在 O$_2$ 和 HCl 的气氛条件下能作为活性物质催化氧化零价汞，但脱汞效率不高，均低于 20%。文献报道称[6]，Pd 基脱汞剂易形成 Pd-Hg 合金而用于 Hg^0 的吸附脱除。在催化或者吸反应中，Pd 基催化剂的脱汞效率都被 Pd 的用量所限制，贵金属昂贵的成本不利于其大规模应用。但将低负载量的 Pd 与 CuCl$_2$ 复合后，Hg^0 的催化氧化效率急剧升高。0.19% Pd/3.10% CuCl$_2$/γ-Al$_2$O$_3$ 催化剂对 Hg^0 的氧化效率约为 87%，比

3.10% $CuCl_2/\gamma-Al_2O_3$ 和 0.19% $Pd/\gamma-Al_2O_3$ 催化剂的氧化效率分别高 2 倍和 10 倍。虽然 $CuCl_2/\gamma-Al_2O_3$ 催化剂也具有一定的 Hg^0 氧化能力，但催化氧化效率仅为 44%。这可能是由于低负载量的 $CuCl_2/\gamma-Al_2O_3$ 催化剂（$CuCl_2$ 负载量低于 4.42% 时）表面会形成稳定的铜铝酸物种，对 Hg^0 的吸附能力变差，从而影响了 Hg^0 的催化氧化活性。当 $Pd/CuCl_2/\gamma-Al_2O_3$ 催化剂中 Pd 负载量增加到 0.5% 和 1% 时，汞的催化效率基本保持稳定，表面少量 Pd 和 $CuCl_2$ 复合即可达到优异的脱汞性能，具有大规模工业应用的潜力。以上结果表明，Pd 和 $CuCl_2$ 结合后，$Pd/CuCl_2/\gamma-Al_2O_3$ 催化剂极大地提高了 Hg^0 氧化效率。其主要原因可能是 Pd 的表面易吸附气体分子，为 $CuCl_2$ 催化反应的第一步气体吸附提供了重要的媒介。另外，双金属（Pd-Cu）复合有利于增强电子转移效应，从而提高汞的氧化效率。

7.2.3 SO_2 对催化剂性能的影响

SO_2 对催化剂有严重的毒害作用，而冶炼烟气中 SO_2 浓度是 Hg^0 的数万倍。因此，通过探究不同 SO_2 浓度对催化剂脱汞性能的影响来验证其抗硫性能，结果如图 7-3 所示。实验条件为：150℃、6% O_2 和 0.001% HCl。由图可知，不管有无 SO_2，$Pd/\gamma-Al_2O_3$ 催化剂对 Hg^0 基本没有去除能力。随着 SO_2 浓度从 0.2% 增加至 1%，$CuCl_2/\gamma-Al_2O_3$ 催化剂的脱汞效率急剧下降到 10% 以下。相比之下，$Pd/CuCl_2/\gamma-Al_2O_3$ 复合催化剂展现出比 $CuCl_2/\gamma-Al_2O_3$ 更优异的抗硫性能。随着 SO_2 浓度的增加，$Pd/CuCl_2/\gamma-Al_2O_3$ 催化剂始终保持良好的 Hg^0 氧化性能，约为 80%。当 SO_2 浓度高达 1% 时，Hg^0 的氧化效率仍接近 66%。

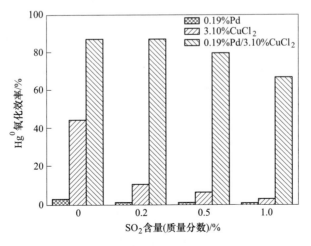

图 7-3 不同 SO_2 浓度对 Hg^0 氧化效率的影响（载体：$\gamma-Al_2O_3$）

　　进一步考察不同 SO$_2$ 浓度下 Pd/CuCl$_2$/γ-Al$_2$O$_3$ 催化剂对 Hg^0 氧化的稳定性，如图 7-4 所示。由图可知，Pd/CuCl$_2$/γ-Al$_2$O$_3$ 催化剂在不同浓度 SO$_2$ 下进行长达 30h 的脱汞实验后，Hg^0 的氧化效率基本保持不变。该结果表明，Pd/CuCl$_2$/γ-Al$_2$O$_3$ 催化剂具有很稳定的抗硫性能。SO$_2$ 对催化剂具有强毒害作用，但目前脱汞领域研究最广的燃煤行业烟气中 SO$_2$ 浓度较低，如图 7-5 中列出的目前催化剂抗硫性的对比数据[7~16] 可知，当前鲜有研究关注催化剂在高浓度 SO$_2$（≥0.3%）下的脱汞性能。合成的 Pd-CuCl$_2$ 催化剂在 1% SO$_2$ 气氛仍有着显著的 Hg^0 氧化效率，为 Hg^0 的催化氧化技术在冶炼高硫烟气中的应用提供了理论基础。

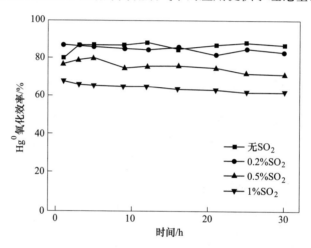

图 7-4　Pd/CuCl$_2$/γ-Al$_2$O$_3$ 催化剂在不同浓度 SO$_2$ 下的长时间脱汞实验

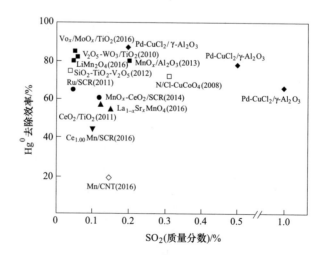

图 7-5　目前催化剂抗硫性的对比数据

7.3 Pd/CuCl$_2$/γ-Al$_2$O$_3$催化剂的汞催化氧化机理分析

7.3.1 H$_2$-TPR 分析

程序升温还原（TPR）是指在程序升温过程中利用 H$_2$ 使催化剂还原，它可以提供负载型金属氧化物还原时的难易程度以及金属氧化物之间或金属氧化物与载体之间相互作用的信息。本节采用 H$_2$-TPR 进行对催化剂的氧化还原能力进行表征，结果如图 7-6 所示。

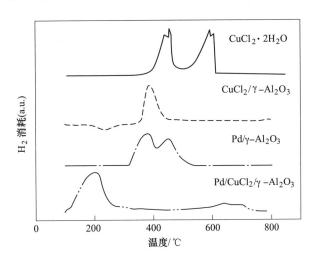

图 7-6 催化剂的 H$_2$-TPR 图谱对比

从 H$_2$-TPR 曲线可以看出，纯 CuCl$_2$·2H$_2$O 的主要还原峰出现在 430℃ 和 550℃ 左右处，分别对应于 Cu^{2+} 向 Cu$^+$ 的还原和 Cu$^+$ 向 Cu^0 的还原。而催化剂 CuCl$_2$/γ-Al$_2$O$_3$ 只有一个位于约 390℃ 的还原峰，推测在其表面只有一个还原过程 “Cu$^+$—Cu^0”，这与文献报道一致[2]，说明低负载 CuCl$_2$ 中铜的存在形式主要为 Cu$^+$。对于 Pd/γ-Al$_2$O$_3$ 催化剂，Pd 的还原温度约为 350℃ 和 430℃。Neyertz 等人[17]研究发现 PdCl$_2$ 或 PdO 中的 Pd^{2+} 在约 20℃ 的低温下易还原为 Pd^0。Pd/γ-Al$_2$O$_3$ 催化剂上 Pd 的 TPR 主峰后移，可能是部分稳定的 Pd 物种与 γ-Al$_2$O$_3$ 表面有很强的相互作用，导致还原温度升高。而这些相互作用对 SO$_2$ 毒害的抵抗能力更强，有利于抑制 Hg^0 与 SO$_2$ 的竞争吸附。当 Pd 和 CuCl$_2$ 复合负载在 γ-Al$_2$O$_3$ 上时，Pd/CuCl$_2$/γ-Al$_2$O$_3$ 复合催化剂的 TPR 峰值向两侧移动。相比于 CuCl$_2$/γ-Al$_2$O$_3$ 催化剂，Pd/CuCl$_2$/γ-Al$_2$O$_3$ 催化剂的第一个还原温度降至约 200℃。结果表明，Pd/CuCl$_2$/γ-Al$_2$O$_3$ 催化剂比 CuCl$_2$/γ-Al$_2$O$_3$ 和 Pd/γ-Al$_2$O$_3$ 更容易还原，催化氧化活性更好。同时，第二个还原峰向更高温的方向移动，说明表面形成了在还原气氛中更为稳定的 Pd-Cu 双金属络合物，能明显降低 SO$_2$ 的毒害作用，这也解释了 SO$_2$ 对 Pd/CuCl$_2$/γ-Al$_2$O$_3$ 催化剂脱汞性能的抑制作用减弱的原因。

7.3.2　FTIR 分析

为了分析 CuCl$_2$/γ-Al$_2$O$_3$ 和 Pd/CuCl$_2$/γ-Al$_2$O$_3$ 催化剂表面吸附的硫物种，采用 FT-IR 对反应前后的催化剂进行分析，如图 7-7 所示。

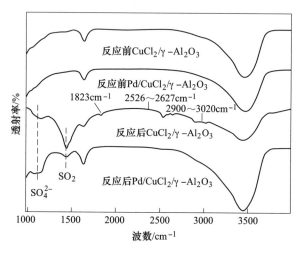

图 7-7　催化剂的 FT-IR 图

由图 7-7 可知，反应前后的 CuCl$_2$/γ-Al$_2$O$_3$ 和 Pd/CuCl$_2$/γ-Al$_2$O$_3$ 催化剂均在 1633cm^{-1} 和 3450cm^{-1} 处分别出现微弱和尖锐的—OH 伸缩振动峰。据文献报道[18]，这些红外波段属于终端连接的—OH（1633cm^{-1}）和桥接的—OH（3450cm^{-1}）基团。在新鲜的 CuCl$_2$/γ-Al$_2$O$_3$ 和 Pd/CuCl$_2$/γ-Al$_2$O$_3$ 催化剂在 980~1260cm^{-1} 处均未出现红外峰，而在反应后的催化剂表面发现代表硫酸根（SO$_4^{2-}$）的特征峰，表明催化剂表面的活性物质可能与 SO$_2$ 反应生成 CuSO$_4$ 或 HgSO$_4$ 等硫酸盐。另外，反应后的催化剂在 1437cm^{-1} 处出现新峰，即 SO$_2$ 中 S—O 键的伸缩振动峰。CuCl$_2$/γ-Al$_2$O$_3$ 催化剂上的 SO$_2$ 峰强明显高于 Pd/CuCl$_2$/γ-Al$_2$O$_3$，说明 Pd/CuCl$_2$/γ-Al$_2$O$_3$ 催化剂能减弱 SO$_2$ 在表面的吸附。反应后的 CuCl$_2$/γ-Al$_2$O$_3$ 催化剂在 1823cm^{-1}，2526~2627cm^{-1} 和 2900~3020cm^{-1} 的位置也出现了红外吸收峰，这些峰是由于 SO—OH 或 SO$_2$-OH 中的 S—O 键引起的不对称伸缩振动。它表明部分 SO$_2$ 在反应后的 CuCl$_2$/γ-Al$_2$O$_3$ 催化剂表面已被氧化成 SO—OH 或者 SO$_2$—OH 等更加稳定的物质。SO$_2$ 在催化剂表面的吸附行为以及催化剂对 SO$_2$ 的耐受性与这类物质密切相关。越多的 SO$_2$ 吸附在催化剂表面，催化脱汞活性抑制越明显。因此，SO$_2$ 的吸附和氧化是 SO$_2$ 强烈抑制 CuCl$_2$/γ-Al$_2$O$_3$ 催化剂氧化 Hg^0 的主要原因。Pd 和

CuCl₂的复合会削弱 SO₂ 在催化剂表面的吸附和氧化，从而减弱其与 Hg⁰ 的竞争吸附，抑制堵塞活性位点的硫酸盐生成。

7.3.3　XPS 分析

采用 XPS 表征 Pd/CuCl₂/γ-Al₂O₃ 和 CuCl₂/γ-Al₂O₃ 催化剂反应前后表面元素的化学价态，结果如图 7-8 所示。尽管催化剂 Pd 的最佳负载量为 0.19%，但未能检测到 Pd 的 XPS 峰。为了更好地解释 Hg⁰ 选择性氧化的催化路径，催化剂中 Pd 的负载量均提高至 1%。图 7-8（a）所示为 Pd/CuCl₂/γ-Al₂O₃ 催化剂反应前后的 Pd 3d 谱图。对比文献[19,20]，谱峰中的 335.5eV 和 340.8eV 代表 Pd⁰ 的轨道能级，而 337.0eV 和 342.2eV 则表示 Pd²⁺ 的轨道能级。很显然，反应前的 Pd/CuCl₂/γ-Al₂O₃ 催化剂中 Pd 主要以氧化态 Pd²⁺ 存在，只含有少量的 Pd⁰。在纯 N₂ 中吸附 Hg⁰ 后，Pd²⁺ 的特征峰强度减弱，Pd 在催化剂表面的主要存在形式为 Pd⁰。以上结果表明，随着 Hg⁰ 的脱除，大量的 Pd²⁺ 转变为 Pd⁰。图 7-9 所示为 Pd/CuCl₂/γ-Al₂O₃、CuCl₂/γ-Al₂O₃ 和 Pd/γ-Al₂O₃ 催化剂饱和吸附 Hg⁰ 后表面颜色的变化。只有含 Pd 的催化剂（Pd/CuCl₂/γ-Al₂O₃ 和 Pd/γ-Al₂O₃）表面出现了颜色变化，由浅绿色变为黑色，推测黑色的物质可能是 Pd⁰ 或 Pd-Hg 合金，因为 Hg⁰ 能消耗 Pd 化合物中 O 或 Cl 形成 Pd-Hg 合金。这个现象能有效避免 Hg⁰ 和 SO₂ 在活性位 CuCl₂ 表面的竞争吸附，有利于 Hg⁰ 的氧化。在 HCl+O₂+SO₂ 的反应气氛中，Pd/CuCl₂/γ-Al₂O₃ 催化剂中的 Pd²⁺ 的特征峰强度增加，Pd⁰ 的特征峰强度变弱，说明反应气氛有助于 Pd⁰ 重新转化为 Pd²⁺。但是，Pd/γ-Al₂O₃ 催化剂在同样的实验条件下对 Hg⁰ 并没有脱除性能。有文献表明，CuCl₂ 在 HCl+O₂ 的气氛中能产生活性 Cl[1]，而活性 Cl 也具有从载体的表面迁移至贵金属活性位的能力，如 PdO 或者 AuCu 合金，从而将 Pd⁰ 氧化为 Pd²⁺。因此，CuCl₂ 促进 Pd²⁺ 的再生，这个过程可以通过活性 Cl 在 Pd 表面的迁移来解释。

图 7-8（b）所示为 Pd/CuCl₂/γ-Al₂O₃ 催化剂反应前后的 Cu 2p 谱图。纯 CuCl 和 CuCl₂ 的 XPS 标准峰的结果表明，结合能 932.9eV 和 935.7eV 分别代表 CuCl 中的 Cu⁺ 和 CuCl₂ 中的 Cu²⁺。反应前的 Pd/CuCl₂/γ-Al₂O₃ 催化剂中 Cu 的氧化态主要以 CuCl 存在，伴随少量 CuCl₂。该结果与 CuCl₂/γ-Al₂O₃ 的 XPS 分析一致（见图 7-8（c）），说明 Pd 的掺入没有明显改变 Cu 的价态。但相同的实验条件下，CuCl₂/γ-Al₂O₃ 催化剂的脱汞性能却远低于 Pd/CuCl₂/γ-Al₂O₃ 催化剂。这表明 Pd 和 Cu 作为两个独立的活性位点促进 Hg⁰ 的氧化。Pd/CuCl₂/γ-Al₂O₃ 催化剂在纯 N₂ 中吸附 Hg⁰ 后，微弱的 Cu²⁺ 峰完全消失。即使加入 HCl+O₂+SO₂ 的反应气氛，催化剂表面仍只有 Cu⁺ 的 XPS 峰存在，这与文献报道并不一致[1,2]。一般认为，在 HCl+O₂ 的气氛中，CuCl₂ 中被还原的 Cu⁺ 应该通过 Deacon 反应路径被重新氯化

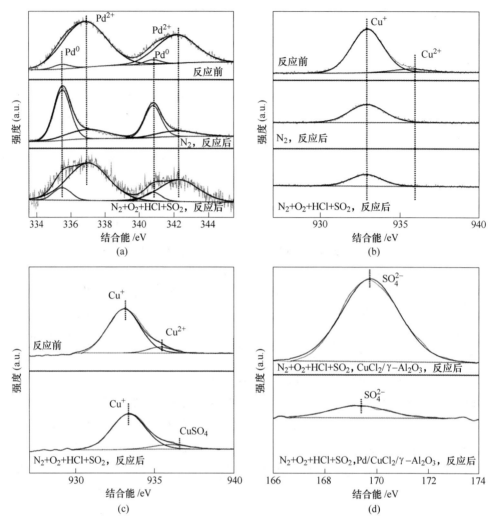

图 7-8　不同催化剂反应前后的 XPS 谱图

（a）Pd/CuCl₂/γ-Al₂O₃，Pd 3*d*；（b）Pb/CuCl₂/γ-Al₂O₃，Cu 2*p*；
（c）CuCl₂/γ-Al₂O₃，Cu 2*p*；（d）CuCl₂/γ-Al₂O₃ 和 Pd/CuCl₂/γ-Al₂O₃，S 2*p*

为 Cu^{2+}。这可能是 Cu^{2+} 催化 HCl 产生的活性 Cl^* 快速迁移至 Pd 表面导致的，这一反常现象进一步解释了 Pd^0 转化为 Pd^{2+} 的原因。

图 7-8（c）所示为 CuCl₂/γ-Al₂O₃ 催化剂反应前后的 Cu 2*p* 谱图。反应前后，催化剂表面 Cu^+ 和 Cu^{2+} 的比例基本保持不变。但是，在 $HCl+O_2+SO_2$ 的反应气氛中，Cu^+ 和 Cu^{2+} 的特征峰分别出现在 933.3eV 和 936eV。Cu 峰的结合能升高主要因为铜物种与含氧化合物如 SO_2 结合，但由于许多含 Cu^+ 的化合物中 Cu 的结合能位置相近，因此很难区分 Cu^+ 的不同物种。而位于 936eV 的 Cu 峰对应的化合物

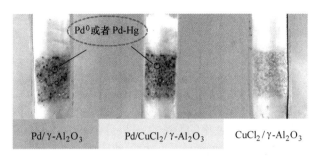

图 7-9 Hg^{0}吸附饱和实验后催化剂表面颜色的变化

为 CuSO$_4$，这说明 SO$_2$毒害了 CuCl$_2$/γ-Al$_2$O$_3$催化剂上的活性物质，从而对汞的催化氧化有明显的抑制作用。但是，Pd/CuCl$_2$/γ-Al$_2$O$_3$催化剂表面没有 CuSO$_4$的特征峰，表明 Pd 的添加抑制 CuSO$_4$毒物在催化剂表面的生成。

Pd/CuCl$_2$/γ-Al$_2$O$_3$和 CuCl$_2$/γ-Al$_2$O$_3$催化剂反应后的 S 2p 的 XPS 结果如图7-8（d）所示。位于 169.7eV 和 169.2eV 处的 S 峰均归功于催化剂表面 SO$_4^{2-}$ 的生成，因此 S 主要是以硫酸盐的形式存在。Pd/CuCl$_2$/γ-Al$_2$O$_3$催化剂表面 SO$_4^{2-}$的浓度远低于 CuCl$_2$/γ-Al$_2$O$_3$催化剂表面的浓度，说明了硫酸盐会抑制汞的催化氧化。而在 CuCl$_2$/γ-Al$_2$O$_3$催化剂中添加 Pd 能有效地减少硫酸盐如 CuSO$_4$在表面的积累。

综上所述，Pd/CuCl$_2$/γ-Al$_2$O$_3$催化剂对汞的催化氧化能遵循 Langmuir-Hin-shelwood 机理。反应路径分 3 步（见图 7-10）：①Hg^{0}的吸附，气相零价汞吸附在催化剂 Pd 的表面，形成 Pd-Hg 化合物；②活性 Cl*的生成，催化剂上活性组分 CuCl$_2$吸附 HCl 并将其催化转化为活性 Cl*；③活性 Cl*的转移，活性 Cl*迁移至 Pd 表面与 Pd-Hg 发生氧化反应生成 HgCl$_2$。

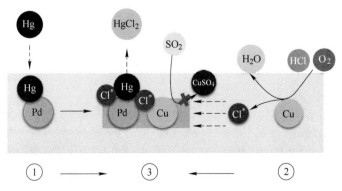

图 7-10 Pd/CuCl$_2$/γ-Al$_2$O$_3$催化剂氧化 Hg^{0}的机理图

7.4　本章小结

本章针对传统铜基催化剂 $CuCl_2/\gamma-Al_2O_3$ 对 Hg^0 催化氧化效率低及抗硫性差的缺点，向其中引入少量贵金属 Pd，采用两步等体积浸渍法合成了复合 $Pd/CuCl_2/\gamma-Al_2O_3$ 催化剂，采用 BET、XRD 及 XPS 等分析手段对 $Pd/CuCl_2/\gamma-Al_2O_3$ 催化剂进行了表征，着重研究了催化剂在低温 150℃下的脱汞性能，考察了不同 Pd 负载量及 SO_2 浓度等因素对 Hg^0 氧化的影响，分析并提出了 $Pd/CuCl_2/\gamma-Al_2O_3$ 催化剂可能的抗硫原理及催化反应机制，得出了以下主要结论：

（1） $Pd/CuCl_2/\gamma-Al_2O_3$ 催化剂的比表面积 BET 为 199.3026m^2/g。XRD 未能检测到 $CuCl_2$ 和 Pd，说明其负载量低于 XRD 检测限或以非晶形式均匀分布于载体表面。将低负载量的 Pd 与 $CuCl_2$ 复合后，产生了协同促进作用，150℃时 Hg^0 的催化氧化效率急剧升高。0.19% Pd 和 3.10% $CuCl_2$ 的复合对 Hg^0 的氧化效率约为 87%，分别比 3.10% $CuCl_2/\gamma-Al_2O_3$ 高 2 倍，比 0.19% $Pd/\gamma-Al_2O_3$ 高 10 倍。随 Pd 的负载量增加到 0.5% 和 1% 时，对 Hg^0 氧化的催化活性没有负面影响。

（2） 150℃时，$Pd/CuCl_2/\gamma-Al_2O_3$ 复合催化剂展现出比单独负载的催化剂更优异的抗硫性能，0.2% SO_2 存在时的脱汞效率约为 87%。随着 SO_2 浓度的增加，$Pd/CuCl_2/\gamma-Al_2O_3$ 催化剂始终保持良好的性能。当 SO_2 浓度高达 1% 时，Hg^0 的氧化效率仍接近 66%。$Pd/CuCl_2/\gamma-Al_2O_3$ 催化剂在不同浓度 SO_2 下进行了长达 30h 的脱汞实验，Hg^0 的氧化效率保持高效稳定。这是由于 Pd 和 $CuCl_2$ 的复合会阻碍 Hg^0 和 SO_2 在活性位 $CuCl_2$ 表面的竞争吸附及减少硫酸盐在催化剂表面的产生和积累。

（3） $Pd/CuCl_2/\gamma-Al_2O_3$ 催化剂上 Hg^0 的催化氧化遵循 Langmuir-Hinshelwood 机理。气相 Hg^0 和 HCl 分别吸附在催化剂 Pd 和 $CuCl_2$ 的表面，形成 Pd-Hg 化合物及活性 Cl^*，然后活性 Cl^* 迁移至 Pd-Hg 表面后与吸附态 Hg^0 发生氧化反应生成 $HgCl_2$。

参 考 文 献

[1] Li X, Liu Z, Kim J, et al. Heterogeneous catalytic reaction of elemental mercury vapor over cupric chloride for mercury emissions control [J]. Applied Catalysis B: Environmental, 2013, 132: 401~407.

[2] Liu Z, Li X, Lee J, et al. Oxidation of elemental mercury vapor over γ-Al₂O₃ supported CuCl₂ catalyst for mercury emissions control [J]. Chemical Engineering Journal, 2015, 275: 1~7.

［3］ Yang J, Zhao Y, Zhang J, et al. Removal of elemental mercury from flue gas by recyclable $CuCl_2$ modified magnetospheres catalyst from fly ash. Part 1. Catalyst characterization and performanceeValuation ［J］. Fuel, 2016, 164: 419~428.

［4］ Maeda K, Teramura K, Lu D, et al. Roles of Rh/Cr_2O_3 (Core/Shell) nanoparticles photodeposited on visible-light-responsive ($Ga_{1-x}Zn_x$) ($N_{1-x}O_x$) solid solutions in photocatalytic overall water splitting ［J］. The Journal of Physical Chemistry C, 2007, 111 (20): 7554~7560.

［5］ Fernández-García M, Martínez-Arias A, Salamanca L N, et al. Influence of ceria on Pd activity for the $CO+O_2$ reaction ［J］. Journal of Catalysis, 1999, 187 (2): 474~485.

［6］ Presto A A, Granite E J. Noble metal catalysts for mercury oxidation in utility flue gas ［J］. Platinum Metals Review, 2008, 52 (3): 144~154.

［7］ Yan N, Chen W, Chen J, et al. Significance of RuO_2 modified SCR catalyst for elemental mercury oxidation in coal-fired flue gas ［J］. Environmental Science & Technology, 2011, 45 (13): 5725~5730.

［8］ Li H, Wu C, Li Y, et al. CeO_2-TiO_2 catalysts for catalytic oxidation of elemental mercury in low-rank coal combustion flue gas ［J］. Environmental Science & Technology, 2011, 45 (17): 7394~7400.

［9］ Mei Z, Shen Z, Mei Z, et al. The effect of N-doping and halide-doping on the activity of $CuCoO_4$ for the oxidation of elemental mercury ［J］. Applied Catalysis B: Environmental, 2008, 78 (1~2): 112~119.

［10］ Li H, Li Y, Wu C, et al. Oxidation and capture of elemental mercury over SiO_2-TiO_2-V_2O_5 catalysts in simulated low-rank coal combustion flue gas ［J］. Chemical Engineering Journal, 2011, 169 (1~3): 186~193.

［11］ Zhao L, Li C, Zhang X, et al. Oxidation of elemental mercury by modified spent TiO_2-based SCR-DeNO$_x$ catalysts in simulated coal-fired flue gas ［J］. Environmental Science And Pollution Research, 2016, 23 (2): 1471~1481.

［12］ Zhao B, Liu X, Zhou Z, et al. Catalytic oxidation of elemental mercury by Mn-Mo/CNT at low temperature ［J］. Chemical Engineering Journal, 2016, 284: 1233~1241.

［13］ Kwon D W, Park K H, Hong S C. Enhancement of SCR activity and SO_2 resistance on VO$_x$/TiO_2 catalyst by addition of molybdenum ［J］. Chemical Engineering Journal, 2016, 284: 315~324.

［14］ Xu H, Zhang H, Zhao S, et al. Elemental mercury (Hg^0) removal over spinel $LiMn_2O_4$ from coal-fired flue gas ［J］. Chemical Engineering Journal, 2016, 299: 142~149.

［15］ Wang P, Su S, Xiang J, et al. Catalytic oxidation of Hg^0 by MnO_x-CeO_2/gamma-Al_2O_3 catalyst at low temperatures ［J］. Chemosphere, 2014, 101: 49~54.

［16］ Zhou Z, Liu X, Zhao B, et al. Elemental mercury oxidation over manganese-based perovskite-type catalyst at low temperature ［J］. Chemical Engineering Journal, 2016, 288: 701~710.

［17］ Neyertz C, Volpe M A, Gigola C. Palladium-vanadium interaction in binary supported catalysts

[J]. Catalysis Today, 2000, 57 (3~4): 255~260.

[18] Chung C, Lee M, Choe E K. Characterization of cotton fabric scouring by FT-IR ATR spectroscopy [J]. Carbohydrate Polymers, 2004, 58 (4): 417~420.

[19] Brun M, Berthet A, Bertolini J C. XPS, AES and Auger parameter of Pd and PdO [J]. Journal of electron spectroscopy and related phenomena, 1999, 104 (1~3): 55~60.

[20] Yue C, Wang J, Han L, et al. Effects of pretreatment of Pd/AC sorbents on the removal of Hg⁰ from coal derived fuel gas [J]. Fuel Processing Technology, 2015, 135: 125~132.

8 钴硫化物复合生物质炭材料催化脱汞性能与机制研究

<<<<<<<<<<<<<<<<<<<<<<<<<<<<<<<<<<<<<<<<<<<<<<<

一般情况下，金属硫化物具备较高的吸附脱汞性能，常被用来作为汞的吸附材料。但金属硫化物吸附剂难以长时间循环利用，且仅可在低温下工作。另外，过渡金属硫化物在石油、化工、新能源等领域被认为是一种具有高活性、高稳定性的新型催化材料[1,2]。因此，本章考虑开发一种过渡金属硫化物催化剂，提高脱汞温度窗口和稳定性能，达到工业应用的标准。

本研究通过浸渍焙烧法合成 Co_9S_8/生物质炭催化剂（Co_9S_8/NSC），生物质炭载体提供了巨大的比表面积以及提高导电性，同时在合成过程中实现了氮、硫的双掺杂，Co_9S_8 也在生物质炭载体上生成并且分散均匀，从而提高 Co_9S_8 的脱汞性能。本章详细分析了 Co_9S_8/NSC 的材料特征，考察了复杂冶炼气氛中的脱汞性能，同时通过设计实验和 TPD、XPS 等表征的结果推测其催化脱汞的机理。

8.1 钴硫化物/生物质炭催化剂的筛选

为了筛选出脱汞性能最佳的催化剂，在相同实验条件下考察载体（CS-800）和不同温度合成的催化剂的脱汞性能。分别取用合成的催化剂样品 50mg 在 50℃ 开展 N_2 条件下吸附脱汞及 6%O_2+0.001%HCl 气氛条件下催化脱汞实验。

如图 8-1 所示，在 N_2 气氛条件下，载体与不同热处理温度下合成的催化剂的吸附脱汞效率都低，可以确定合成的催化剂与载体吸附脱汞性能差；另外，在 6%O_2+0.001%HCl 的催化气氛条件下发现 800℃ 焙烧合成的钴硫化物/生物质炭催化剂达到 100% 的催化脱汞效率，表现出优异的催化脱汞性能；载体与其他温度合成的催化剂的催化脱汞效率都较低（稍高于吸附脱汞效率）。因此，在不同热处理温度下合成的催化剂中筛选出 800℃ 焙烧合成的钴硫化物/生物质炭催化剂进行具体的催化脱汞性能研究。同时，对比 800℃ 条件下热处理所获得的载体，可以排除载体的吸附及催化脱汞作用。

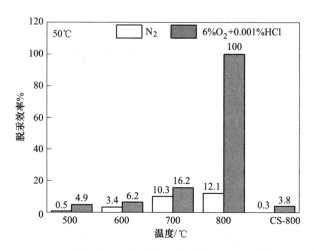

图 8-1 不同温度合成的催化剂与载体的脱汞性能比较

8.2 钴硫化物/生物质炭催化剂的材料特征

8.2.1 材料结构及物相组成

采用 XRD 对筛选出的催化剂的物相及晶体结构进行表征分析，如图 8-2 所示。

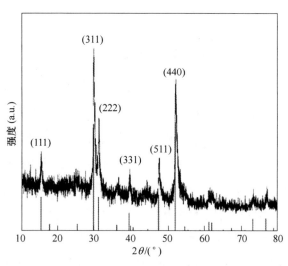

图 8-2 催化剂的 XRD 图

根据 XRD 的表征结果，确定其晶体结构的衍射峰与 Co_9S_8 的标准卡片（JCPDS 卡片号 86-2273）完全对应。在 15.5°、29.8°、31.3°、39.7°，47.6° 和

52.1°的衍射峰分别对应（111）、（311）、（222）、（331）、（511）和（440）晶面，而且峰强较高，结晶度较好。因此，筛选出的催化剂为 Co_9S_8/C。

8.2.2 热稳定性

采用热重分析（TG）对催化材料进行表征，如图 8-3 所示的 TG 曲线为催化剂在空气条件下从 25℃升温至 600℃左右的质量变化。

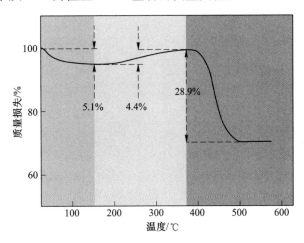

图 8-3 Co_9S_8/C 催化剂的 TG 曲线

从 25℃升温至 150℃左右，催化剂有发生较小的失重（5.1%），这是由于催化剂处理过程中吸附了空气中的水，升温时发生蒸发引起的。从 150℃升温至 375℃左右时，催化剂发生部分增重（4.4%），原因是 Co_9S_8 与空气中的 O_2 反应生成 $CoSO_4$。同时载体碳与 O_2 反应生成 CO_2 气体，随着温度继续升高至 506℃，催化剂发生明显失重（28.9%），原因是 $CoSO_4$ 进一步和 O_2 反应，生成 SO_3 气体，最后剩余 Co_3O_4。

8.2.3 比表面积与微观形貌

通过 Brunauer-Emmet-Teller（BET）法测定 CS-800 的比表面积为 451.34m^2/g，而合成的 Co_9S_8/NSC 催化剂经测定比表面积为 293.89m^2/g，说明生物质炭载体提供了巨大的比表面积，利于活性物质与烟气充分接触，也是催化剂活性高的原因之一。

采用 HR-SEM 和 HR-TEM 对 Co_9S_8/C 催化剂的形貌和元素分布进行表征，从图 8-4（a）所示的 HR-SEM 图可以看出，Co_9S_8/C 催化剂表面粗糙，有纳米级的颗粒；图 8-4（b）所示的 HR-TEM 图也显示黑色的纳米颗粒均匀分散在基底上，且尺寸在 20nm 以下。图 8-4（c）中各元素的 Mapping 图说明 C 和 O 元素主要来自于基底生物质，分布十分均匀，除此之外 O 也可能是空气中吸附在催化剂表面的；而 N 元素与 C、O 的分布一致，其来源可能是生物质基底和硫脲，在合成过程中掺杂进炭载体中。因此，初步说明该催化剂为 Co_9S_8/NC。Co 与 S 来源于硝酸钴和硫脲，由于柚子皮多孔疏松的海绵结构，硝酸钴和硫脲混合溶液完全浸渍在柚子皮上，通过高温焙烧，直接在基底上生成钴硫化物，其分布特征与前面提到的纳米颗粒一致，均匀分散在生物质炭载体上，结合 XRD 结果可知该纳米颗粒为 Co_9S_8。

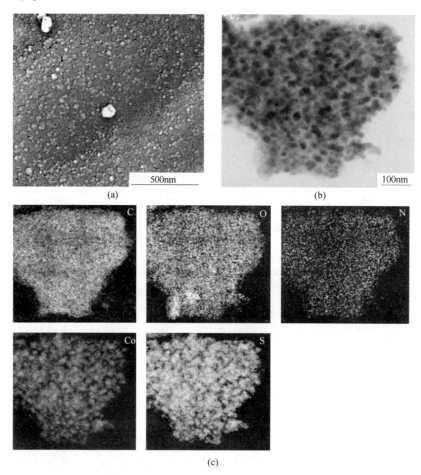

图 8-4　Co_9S_8/C 催化剂的 HR-SEM 图（a）；HR-TEM 图（b）和各元素 Mapping 图（c）

8.2.4　表面元素形态

采用 XPS 进一步表征 Co_9S_8/NC 催化剂中 C、O、N、S 和 Co 的结合形态与价态情况，如图 8-5 所示。

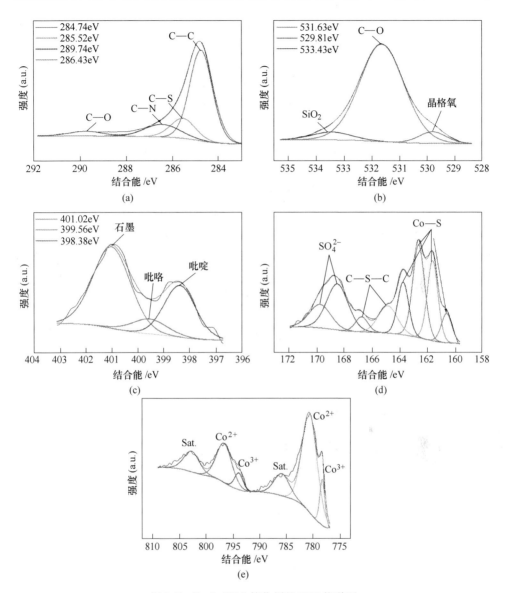

图 8-5 Co₉S₈/NSC 催化剂的 XPS 能谱图

（a）C 1s；（b）O 1s；（c）N 1s；（d）S 2p；（e）Co 2p

如图 8-5（a）所示，C 1s 的 XPS 能谱中不同的结合能分别对应 C—C（284.74eV）、C—S（285.52eV）、C—N（286.43eV）和 C—O（289.74eV）特征峰，说明除了 N 元素之外，S 元素在合成过程中也成功掺杂到载体碳架上[3,4]。因此，进一步确定该催化剂为 Co₉S₈/NSC。

图 8-5（b）中 O 1s 的能谱主要对应三个特征峰，在低结合能位置是晶格氧

（529.81eV）的峰；在中间位置的结合能（531.63eV）对应的是 C—O（氧空位）的特征峰[5]；而在高结合能位置属于 SiO$_2$（533.43eV）杂质的特征峰。

图 8-5（c）所示为 N 1s 的能谱图，主要对应三种类型的 N，包括吡啶型 N（398.38eV）、吡咯型 N（399.56eV）和石墨型 N（401.02eV），这三种类型的 N 在催化反应过程中都具有重要作用[6~8]；首先，吡啶型 N 和吡咯型 N 的存在证明 N 原子成功掺杂到载体碳架中；吡啶型 N 由于与相邻的碳原子电负性不同，可以使碳基体极化，有利于氧分子的化学吸附。石墨型 N 可以赋予催化剂更好的导电性。

在图 8-5（d）中，S 2p 的 XPS 能谱在 160.59eV、161.61eV、162.62eV 和 163.74eV 附近的 4 个峰值是由于催化剂中存在 Co-S$_x$（Co-S）键；在 164.84eV 和 166.72eV 左右的两个特征峰属于类硫苯 S（C-S-C），硫苯类 S（C-S-C）的形成证实了 S 原子已经成功地掺杂到生物质炭载体上，S 掺杂在碳基底中（C-S-C），由于其半径大于 N 或 C 而导致结构缺陷，可作为高活性位点。168.47eV 和 169.73eV 这两个特征峰属于氧化态 S。氧化态 S（SO$_4^{2-}$）的高含量可能是由于活性位点对氧的吸附所致。

如图 8-5（e）所示，Co$_9$S$_8$/NSC 催化剂上的 Co 2p XPS 能谱主要出现在 778.45eV、780.82eV、786.01eV、794.07eV、796.78eV 和 802.83eV，分别对应于 Co^{2+}、Co^{3+} 和卫星峰（伴峰）。

8.3　Co$_9$S$_8$/NSC 催化剂脱汞性能研究

8.3.1　烟气组分对脱汞性能的影响

为了探究烟气组分对 Co$_9$S$_8$/NSC 催化剂脱除单质汞的性能的影响，在 150℃ 条件下，分别在不同气氛条件下进行单质汞的脱除实验，如图 8-6 所示，催化剂的脱汞效率为 5h 以上的稳定脱汞效率。

在纯 N$_2$ 吸附条件下，Co$_9$S$_8$/NSC 催化剂的脱汞效率为 12.1%，说明催化剂的吸附脱汞性能较差，这与之前催化剂筛选实验结果相同。

Co$_9$S$_8$/NSC 催化剂在 O$_2$ 气氛下脱汞，随着 O$_2$ 浓度的增加（1%~8%），催化剂的脱汞效率从 13.8% 增加至 17.7%，对比 N$_2$ 条件时稍有提高，说明 O$_2$ 对于催化剂脱除 Hg^0 稍有促进作用。

在 N$_2$ 基础上单独加入 0.001%HCl 发现比纯吸附条件时脱汞效率有明显提高，达到 56.9%，说明 HCl 对于催化剂的脱汞性能有促进作用；进而在 O$_2$-HCl 催化气氛下，无论是低浓度（2×10^{-4}%）还是较高浓度（0.001%）的 HCl，催化剂的脱汞效率都高达 100%，说明催化剂具有优异的催化脱汞效果。

在 N$_2$ 基础上单独加入 0.05%NO，Co$_9$S$_8$/NSC 催化剂的脱汞效率比纯吸附条件时稍有提高，达到 20.9%；进而加入 6%O$_2$ 发现，脱汞效率明显提高，达到 70%，这说明 NO 对催化剂的作用与 HCl 类似，能够提高催化剂的脱汞性能；在催化气氛组分中（即 6%O$_2$+0.001%HCl 气氛中）加入 0.05%NO，发现催化剂的催化脱汞效率为 99.3%，说明 NO 对于催化剂的催化脱汞性能无负面影响。在此气氛组分基础上加入 0.05%NH$_3$，考察 NH$_3$ 对催化剂脱汞性能的影响，发现 NH$_3$ 会使催化脱汞效率稍有下降，但是仍维持在 90% 以上，说明催化剂对于 NH$_3$ 具有很好的抗性。

　　Co$_9$S$_8$/NSC 催化剂在 SFG 气氛下催化剂保持 100% 的脱汞效率，初步说明 SO$_2$ 没有影响催化剂的脱汞性能；另外在 SFG 气氛条件中加入水蒸气（H$_2$O），探究 H$_2$O 对催化剂脱汞性能的影响，发现在 8% H$_2$O 条件下，催化剂脱汞效率高达 98.5%，而 16%H$_2$O 条件下，催化剂脱汞效率下降至 86%，说明催化剂对于 H$_2$O 具有一定的抗性，在高浓度的 H$_2$O 条件下也能维持以上的脱汞效率。

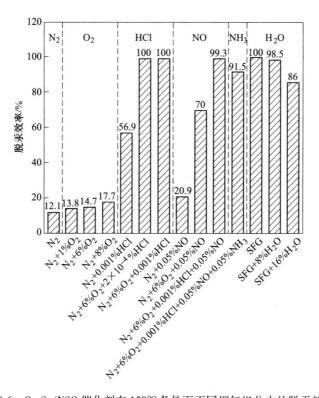

图 8-6　Co$_9$S$_8$/NSC 催化剂在 150℃ 条件下不同烟气组分中的脱汞效率

　　综上所述，通过实验研究证明 Co$_9$S$_8$/NSC 催化剂具有选择性催化氧化单质汞的性能，适用于各种含氧复杂烟气条件下的高效脱汞。

8.3.2 温度对脱汞性能的影响

为了探究温度对催化剂脱汞性能的影响，催化剂在 SFG 气氛条件下，进行从低温到高温的脱汞实验探究。图 8-7 所示为 Co_9S_8/NSC 催化剂在 SFG 气氛条件下不同温度时的稳定脱汞效率（实验时长在 5h 以上）。

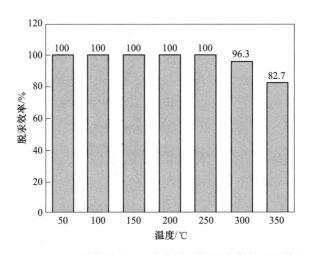

图 8-7　Co_9S_8/NSC 催化剂在 SFG 气氛中不同温度条件下的脱汞效率

通过实验发现，在 50~250℃时，催化剂脱汞效率维持 100%；在 300℃以上脱汞效率开始稍有下降，350℃时下降明显，但是依然有 82% 以上的脱汞效率；与催化剂的热稳定性联系推测 300℃以上，在有 O_2 存在的情况下，催化剂开始发生相变，从而影响其脱汞性能。因此，Co_9S_8/NSC 催化剂具有低温到高温的宽阔的高效脱汞温度窗口，适用的烟气温度范围宽广，具有其他脱汞催化剂所不能达到的显著优势。

8.3.3 O_2-HCl 气氛下催化脱汞稳定性

通过上面的实验探究已经证明 Co_9S_8/NSC 催化剂具有高效催化脱汞性能，因此本节开展实验探究其催化稳定性。在 150℃、$6\%O_2$ + 0.001% HCl 催化气氛下进行 55h 的脱汞实验。如图 8-8 所示，发现催化剂在 55h 长时间催化脱汞过程中一直维持 100% 的脱汞效率不变，说明催化剂在 O_2-HCl 气氛下具有高效稳定的催化脱汞性能。

8.3.4 Co_9S_8/NSC 催化剂抗硫性能

冶炼烟气中高浓度的 SO_2 是影响催化剂脱汞性能的一大因素，因此开展第 4

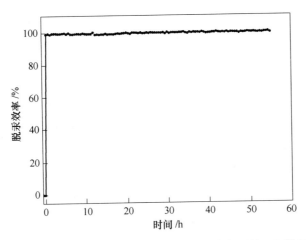

图 8-8 Co$_9$S$_8$/NSC 催化剂在 150℃、催化气氛条件下的 55h 脱汞效率

组实验，具体讨论 Co$_9$S$_8$/NSC 催化剂催化脱汞的抗硫性。在 150℃ 条件下，在催化气氛中（6%O$_2$+0.001%HCl）加入低浓度到高浓度的 SO$_2$（0.5%~5%），探究催化脱汞效率的变化。

之前的实验已经初步证明了在 SO$_2$ 存在的 SFG 气氛下依然具有很好的脱汞性能，通过具体的实验探究如图 8-9 所示，在 O$_2$-HCl 催化气氛中分别加入低浓度和高浓度的 SO$_2$，发现催化剂的催化脱汞效率都高达 100%，说明催化剂具有高抗硫性。

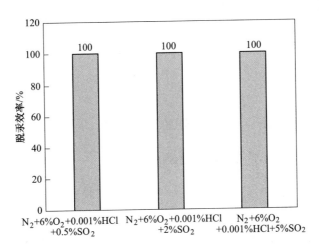

图 8-9 Co$_9$S$_8$/NSC 催化剂在不同浓度 SO$_2$ 的 O$_2$-HCl
催化气氛下的脱汞效率

8.3.5　O_2-SO_2气氛下的脱汞性能

在探究催化剂催化脱汞抗硫性的实验过程中发现，SO_2可能对于催化剂脱汞性能有促进作用，因此，开展实验探究催化剂在O_2-SO_2气氛下是否具有催化脱汞性能。

如图8-10所示，实验研究发现单独的SO_2存在也能提高催化剂的脱汞效率，随着SO_2浓度的升高（0.5%~5%），脱汞效率也从28.4%增加至36%；而O_2和SO_2同时存在时，无论SO_2浓度低（0.5%）或者浓度高（5%），催化剂的脱汞效率都显著上升，且催化剂的脱汞效率碎SO_2浓度增加而上升，达到100%；这说明与在O_2-HCl气氛下高效催化脱汞类似，催化剂能实现O_2-SO_2气氛下的无氯高效脱汞。

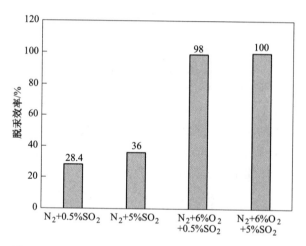

图8-10　Co_9S_8/NSC 催化剂在O_2-SO_2气氛下的脱汞效率

8.4　不同气氛下 Co_9S_8/NSC 的脱汞机制

8.4.1　Co_9S_8/NSC 在 O_2-HCl 气氛的脱汞机制

8.4.1.1　O_2-HCl 气氛下的脱汞气态产物

为了确定在O_2-HCl气氛下，Co_9S_8/NSC催化剂脱汞过程中含汞产物的形态，在开展O_2-HCl催化稳定性实验过程中通过气态汞产物还原系统分别在5h、25h和55h时，对气态汞产物进行还原检测，从而获知O_2-HCl催化气氛下含汞产物的形态，如图8-11所示。

由图8-11可知，催化剂55h的脱汞效率（E_{rem}）维持在99%以上，说明在

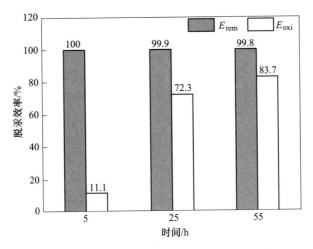

图 8-11　O_2-HCl 气氛下脱汞气态产物氧化率

（$Hg^0+N_2+6\%O_2+0.001\%HCl$）

O_2-HCl 气氛下具有高效稳定催化脱汞性能。另外，发现气态汞产物的氧化效率（E_{oxi}）随处理时间增加而上升，55h 时达到 83.7%，可以证明 O_2-HCl 气氛条件下有一部分 Hg^0 被氧化形成气态汞产物，推测为 $HgCl_2$。

8.4.1.2　O_2-HCl 气氛下的脱汞过程

A　Y 形管实验

为了确定 HCl 催化脱汞的反应是否发生在催化剂表面，开展了 Y 形管实验，具体如图 8-12（a）所示。本实验采用设计加工的石英反应管，在反应管装填有 50mg 的 Co_9S_8/NSC 催化剂的一边通入催化气氛（$N_2+6\%O_2+0.001\%HCl$），而在另一边通入含 Hg^0 载气，在两边气流汇合处放置专用的 Cl_2 检测管，当有 Cl_2 通过

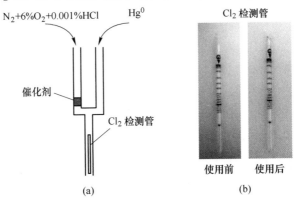

图 8-12　Y 形管实验（a）和使用前后的 Cl_2 检测管（b）

时会发生变色（变绿）。本实验在 150℃ 条件下进行，最后通过测汞仪检测实验前后汞浓度的变化。

在实验前后反应管后端的 Cl_2 检测管并未发生颜色变化（见图 8-12（b）），说明 O_2 和 HCl 在催化剂上未产生 Cl_2，排除发生 Deacon 反应的可能；另外，测汞仪显示该实验前后汞浓度完全没有发生变化，即催化气氛通过催化剂之后，没有产生气态活性物质，与反应管后端汇合的 Hg^0 发生反应。因此，Y 形管实验结果表明 HCl 催化脱汞反应需要在催化剂表面发生。

B 预处理实验

为了确定催化剂在 O_2-HCl 气氛下脱汞的反应过程中，Hg^0、O_2 和 HCl 三者在催化剂表面的吸附是否存在竞争关系，开展一组预处理实验。先将两份 50mg 的催化剂用 Hg^0 预处理吸附饱和，然后停止 Hg^0 的通入，分别通入 N_2+6%O_2 和 N_2+0.001%HCl，观察测汞仪检测的出口汞的变化情况，如图 8-13 所示。

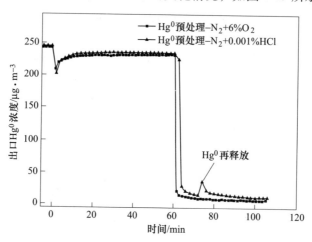

图 8-13 Hg^0 预处理实验（150℃）

由图 8-13 可知，在停止通 Hg^0 后通入 O_2 没有观察到出口汞浓度的变化，预吸附在催化剂表面的 Hg^0 没有再释放，说明 Hg^0 与 O_2 在催化剂上不存在竞争吸附，即不是相同的吸附位点；在停止通 Hg^0 后通入 HCl 观察到出口汞浓度发生变化，有部分 Hg^0 发生再释放，这说明 Hg^0 与 HCl 在催化剂上存在竞争吸附，存在相同的吸附位点，推测在 O_2-HCl 气氛下，HCl 可能先吸附在催化剂表面，与气相中的 Hg^0 发生反应。

8.4.1.3 O_2-HCl 气氛下的脱汞赋存态产物

A   XPS 分析

XPS 确定 Co_9S_8/NSC 催化剂在 O_2-HCl 气氛下脱汞后的元素价态变化。从图

8-14 可知，XPS 表征检测到催化剂表面有 Cl 和 Hg 的存在。图 8-14（a）所示为 Co_9S_8/NSC 催化剂上 Cl 2p 的 XPS，在结合能为 200.68eV 和 198.87eV 处出现的两个特征峰对应的分别是 C-Cl 和 Cl^-；图 8-14（b）所示为 Co_9S_8/NSC 催化剂上 Hg 4f 的 XPS，在结合能 104.26eV、103.12eV 和 101.23eV 处出现的三个特征峰对应的分别是 HgS、SiO_2（杂质）和 $HgCl_2$。因此，催化在 O_2-HCl 气氛下的脱汞赋存态产物为 HgS 和 $HgCl_2$。

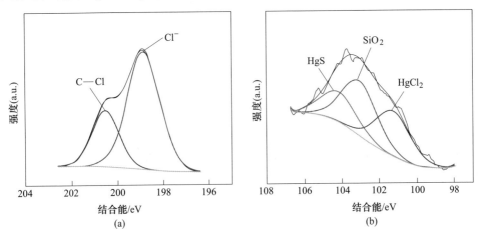

图 8-14 催化剂在 O_2-HCl 气氛下脱汞后 Cl 2p（a）和 Hg 4f（b）的 XPS 光谱图

B Hg-TPD 分析

为了探究催化剂在 O_2-HCl 气氛下的脱汞机制，开展两组 Hg-TPD 实验，进一步确定脱汞后催化剂表面的含汞产物的形态。分别在吸附（Hg^0+N_2 = 600mL/min）和含汞催化气氛（Hg^0+N_2+6%O_2+0.001%HCl = 600mL/min）、150℃和初始汞浓度为 240μg/m³ 时条件下处理 2h 和 10h，得到 N_2 条件下和 O_2+HCl 条件下的 Hg-TPD 曲线，如图 8-15 所示。

由图 8-15 可知，对两种条件下的 Hg-TPD 曲线进行拟合分峰。图 8-15（a）所示为在 N_2 吸附气氛条件下的 Hg-TPD 曲线，分别在 202℃和 255℃出现两个脱附峰，说明汞在催化剂上的赋存形态为 β-HgS 和 α-HgS[9,10]。图 8-15（b）是在 O_2-HCl 催化气氛条件下的 Hg-TPD 曲线，分别在 245℃和 258℃出现两个脱附峰，说明汞在催化剂上的赋存形态为 $HgCl_2$ 和 α-HgS；对比吸附条件下，β-HgS 可能在 HCl 存在时转化 $HgCl_2$ 或者 HCl 占据该部分 Hg^0 的吸附位点进而与气相中的 Hg^0 反应生成吸附态 $HgCl_2$ 和气态 $HgCl_2$。

8.4.1.4 O_2-HCl 气氛下的脱汞反应路径

根据以上实验与表征结果推测 O_2-HCl 气氛下脱汞的反应路径，具体如图 8-16

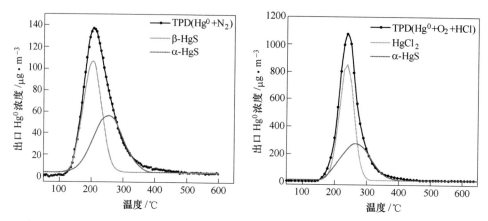

图 8-15　N_2、O_2-HCl 气氛下脱汞后的 Hg-TPD 曲线

（a）N_2 气氛；（b）O_2-HCl 气氛

和式（8-1）~式（8-6）所示。一方面，部分 Hg^0 吸附在催化剂表面成为吸附态 Hg^0，进而与 Co_9S_8 中和掺杂 S 的活性硫（[S]）生成 α-HgS，该部分反应过程为化学吸附；另外一方面，由于 N 的掺杂，促进了 O_2 的吸附，吸附态的 O_2 将吸附态的 HCl 活化生成活性氯（Cl^*）进而氧化另一部分气态 Hg^0，生成 $HgCl_2$，并且大部分释放到气相中，该部分反应过程符合 Eley-Rideal 机理。

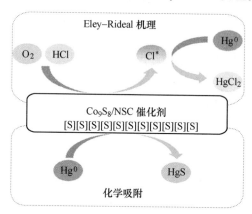

图 8-16　O_2-HCl 气氛下脱汞过程示意图

（1）化学吸附：

$$Hg(g) \longrightarrow Hg(ad) \tag{8-1}$$

$$Hg(ad) + [S] \longrightarrow HgS(ad) \tag{8-2}$$

（2）催化脱汞（Eley-Rideal 机理）：

$$O_2(g) \longrightarrow O_2(ad) \tag{8-3}$$

$$HCl(g) \longrightarrow HCl(ad) \tag{8-4}$$

$$O_2(ad) + 4HCl(ad) \longrightarrow 4Cl^* + 2H_2O(g) \tag{8-5}$$

$$2Hg(g) + 4Cl^* \longrightarrow HgCl_2(ad) + HgCl_2(g) \tag{8-6}$$

8.4.2 Co₉S₈/NSC 在 O_2-SO_2 气氛下的脱汞机制

8.4.2.1 O_2-SO_2 气氛下的脱汞气态产物

与探究 O_2-HCl 气氛下脱汞稳定性实验相同，对催化剂在 150℃ 条件下，在 6%O_2+5%SO_2 气氛中进行 30h 的脱汞实验，同时，通过气态汞产物还原系统分别在 10h、25h 和 30h 时，对气态汞产物进行还原检测，从而获知 O_2-SO_2 气氛下含汞产物的形态，如图 8-17 所示。

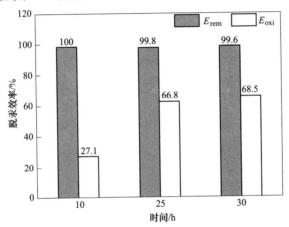

图 8-17 O_2-SO_2 气氛下脱汞气态产物氧化率
（Hg^0+N_2+6%O_2+5%SO_2）

由图 8-17 可知，发现 30h 的脱汞效率（E_{rem}）维持在 99% 以上，说明在 O_2-SO_2 气氛下，催化剂具有高效稳定催化脱汞性能。另外，发现气态汞产物的氧化效率（E_{oxi}）随处理时间增加而上升，30h 时达到 68.5%，可以证明 O_2-SO_2 气氛下有气态汞产生，具体的产物形态需要进一步确定。

8.4.2.2 O_2-SO_2 气氛下的脱汞过程

A Y 形管实验

为了确定 O_2-SO_2 气氛下的脱汞过程是否发生在催化剂表面，开展了 Y 形管实验，具体如图 8-18 所示。本实验在 150℃ 条件下进行，采用设计加工的 Y 形石英反应管，在反应管装填有 50mg 催化剂的一边通入催化气氛（N_2+6%O_2+5%

SO$_2$），而在另一边通入含 Hg^0 载气，然后在反应管下端两边气流汇合，最后通过测汞仪检测实验前后汞浓度的变化。

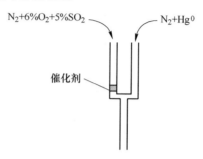

$N_2+6\%O_2+5\%SO_2$ N_2+Hg^0

催化剂

图 8-18   Y 形管实验示意图

测汞仪显示该实验前后汞浓度完全没有发生变化，即 O$_2$-SO$_2$ 气氛通过催化剂之后，没有产生气态活性物质，与反应管后端汇合的 Hg^0 发生反应。因此，Y 形管实验现象表明，O$_2$ 和 SO$_2$ 通过催化剂未生成气态 SO$_3$ 或气态活性物质，催化反应需要在催化剂表面发生。

B   预处理实验

为了确定反应过程中 Hg^0、O$_2$ 和 SO$_2$ 三者在催化剂表面的吸附是否存在竞争关系，开展一组预处理实验。先将两份 50mg 的催化剂用 Hg^0 预处理吸附饱和，然后停止通 Hg^0，分别通入 N$_2$+6%O$_2$+5%SO$_2$ 和纯 N$_2$，观察测汞仪检测的出口汞的变化情况。

实验结果如图 8-19 所示，停止通 Hg^0 后通入 O$_2$ 和 SO$_2$ 没有观察到出口汞浓度

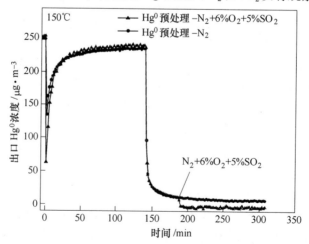

图 8-19   Hg^0 预处理实验

的变化，预吸附在催化剂表面的 Hg^0 没有再释放，说明 Hg^0 与 O$_2$、SO$_2$ 在催化剂上不存在竞争吸附，即不是相同的吸附位点。

综合以上实验结果说明 O$_2$-SO$_2$ 气氛下的脱汞反应需发生在催化剂表面；Hg^0 与 O$_2$、SO$_2$ 三者都能吸附在催化剂表面，且不存在竞争吸附，因此该反应过程复合 Langmuir-Hinshelwood 机理（吸附态物质间的反应）。

8.4.2.3 O$_2$-SO$_2$ 气氛下的脱汞赋存态产物

A HR-SEM、HR-TEM 和 Mapping 表征

在 O$_2$-SO$_2$ 气氛下脱汞后，对催化剂进行形貌及元素分布分析。如图 8-20 所

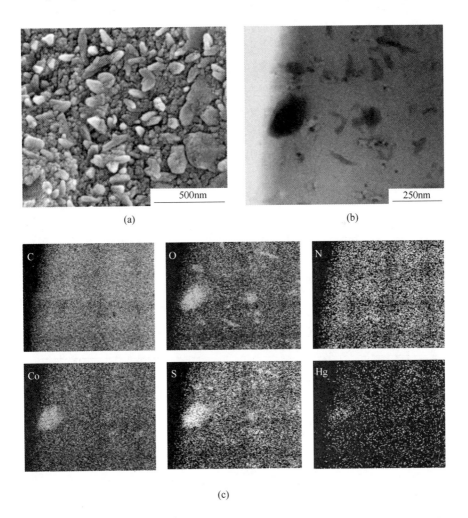

图 8-20 催化剂在 O$_2$-SO$_2$ 气氛下脱汞后的 HR-SEM（a）、HR-TEM（b）和 Mapping 图（c）

示，分别是催化剂脱汞后的 HR-SEM（见图 8-20（a））和 HR-TEM（见图 8-20（b）），与脱汞前（见图 8-3（a）和（b））进行对比发现，催化剂表面的纳米细颗粒变成块状及条状物质，推测为催化剂上生成的含汞产物，具体形态需要进一步表征分析确定；另外对比脱汞前后各元素的 Mapping 图（见图 8-20（c）和图 8-3（c）），发现脱汞后 O 的分布发生变化，主要与 Co 和 S 的分布一致，推测催化剂在 O_2-SO_2 气氛下脱汞后可能生成了硫酸盐。

B Hg-TPD 和 XPS 表征分析

为了确定 SO_2 催化脱汞产物，采用 Hg-TPD 和 XPS 表征分析脱汞后催化剂上汞的形态。图 8-21（a）所示为 O_2-SO_2 气氛条件下脱汞后催化剂上 Hg 4f 的 XPS，除了 SiO_2 杂质峰和 HgS 的特征峰外还有 Hg_2SO_4 的特征峰出现，说明催化剂表面汞的赋存形态为 HgS 和 Hg_2SO_4。

另外，开展 Hg-TPD 实验进一步确定催化剂脱汞后表面的含汞物质。在 150℃时，催化剂在 O_2-SO_2（Hg^0+N_2+6%O_2+5%SO_2=600mL/min）气氛条件下，初始汞浓度 240μg/m^3 左右条件下处理 10h，得到的 O_2-SO_2 气氛下的 Hg-TPD 曲线。对 TPD 曲线进行拟合分峰，如图 8-21（b）所示，在 218℃、265℃和 325℃出现 3 个脱附峰，分别对应 β-HgS、α-HgS 和 Hg_2SO_4。因此在 O_2-SO_2 气氛下脱汞后，催化剂表面汞的赋存形态为 β-HgS、α-HgS 和 Hg_2SO_4，推测气态汞产物为 Hg_2SO_4。

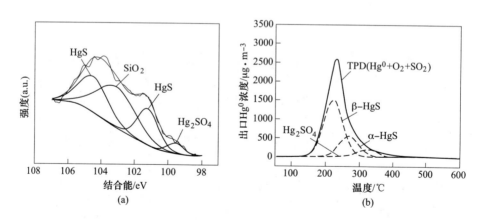

图 8-21   催化剂在 O_2-SO_2 气氛下脱汞后 Hg 4f 的 XPS（a）和 Hg-TPD 曲线（b）

8.4.2.4 O_2-SO_2 气氛下的脱汞反应路径

通过 XPS 分析 Co_9S_8/NSC 催化剂脱汞前后的元素形态及相对含量的变化，推断相关反应过程，如图 8-22 和表 8-1 所示。

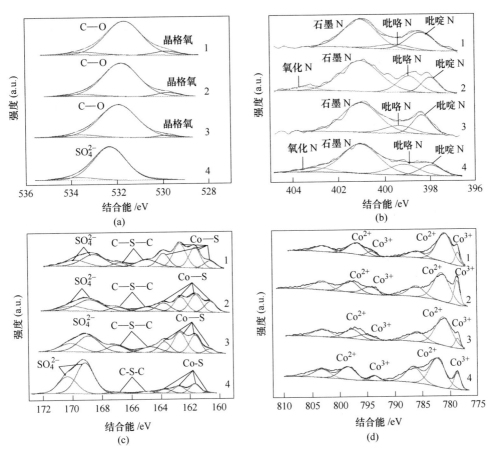

图 8-22　脱汞前后 Co$_9$S$_8$/NSC 催化剂的 XPS 对比

（a）O 1s；（b）N 1s；（c）S 2p；（d）Co 2p

1—脱汞前；2—O$_2$ 气氛；3—SO$_2$ 气氛；4—O$_2$-SO$_2$ 气氛

表 8-1　催化剂中 O、N、S 不同形态在不同脱汞气氛下的相对含量（原子比）

各元素形态的相对含量 /%		脱汞气氛条件			
		原始样	N$_2$+O$_2$	N$_2$+SO$_2$	N$_2$+O$_2$+SO$_2$
O	晶格氧	4.78	4.53	2.06	—
	C—O	22.22	23.38	20.15	—
	SO$_4^{2-}$	—	—	—	25.33
N	氧化 N	—	0.16	—	0.25
	石墨 N	1.86	1.91	1.48	0.82
	吡咯 N	0.54	1.03	0.53	0.41
	吡啶 N	1.65	0.75	1.34	0.30

各元素形态的相对含量 /%		脱汞气氛条件			
		原始样	N_2+O_2	N_2+SO_2	$N_2+O_2+SO_2$
S	Co-S	5.91	5.36	5.12	3.21
	C-S-C	1.81	1.38	1.31	0.87
	SO_4^{2-}	3.79	4.00	5.30	8.61
Co	Co^{2+}	21.09	15.23	21.64	20.59
	Co^{3+}	11.51	19.52	10.44	11.56

图 8-22 所示为 XPS 分析催化剂在脱汞前（线 1）和不同气氛下（线 2：N_2+O_2，线 3：N_2+SO_2，线 4：$N_2+O_2+SO_2$）脱汞后 O、N、S、Co 元素的价态和形态变化以及 O_2+SO_2 气氛条件下脱汞后催化剂上汞的价态及形态。表 8-1 所列为 XPS 表征分析总结的催化剂中 O、N、S、Co 的不同形态在不同脱汞气氛条件下的相对含量（原子比）。

结合图 8-22 和表 8-1，对比脱汞前（线 1）和脱汞后（线 2：O_2）各元素的变化。O $1s$ 的 XPS 发现 C-O 的相对含量稍有增加（22.22% 增加至 23.38%），这是由于掺杂到生物质炭载体上的 N 将气氛中的 O_2 吸附到碳基底上导致的；N $1s$ 的 XPS 中吡咯 N 和吡啶 N 不仅发生峰的偏移，而且总的相对含量也稍有减少（由 2.19% 减少到 1.78%）；同时还出现了氧化 N 的峰（含量为 0.16%），说明部分吡咯 N 和吡啶 N 吸附 O_2 后转化为氧化 N，而氧化 N 有一个较高的结合能，能够弱化 O—O 键，能够为催化反应迅速提供更多的氧。因此，在 O_2 存在的条件下，催化剂会发生 $O_2(g) \rightarrow O_2(ad)$ 和 $2N-[\ ]+O_2(ad) \rightarrow 2N-[O]$ 的反应过程（式中，N-[ ] 代表氧化 N，[O] 代表活性氧）；而 Co $2p$ 的 XPS 中 Co^{2+} 的含量有减少，Co^{3+} 的含量有增多，推测可能发生 $Co^{2+}+N-[O] \rightarrow Co^{3+}+N-[\ ]+[O]^-$ 的反应过程，（式中，$[O]^-$ 代表带电荷的活性氧）。另外发现 S $2p$ 的 XPS 中 C-S-C 和 Co-S 的含量稍有下降，S 掺杂在碳基底中（C-S-C）可作为高活性位点；而 Co_9S_8/NSC 催化剂为生物质炭复合材料，本身具有物理吸附特性，因此推断反应为：$Hg^0(g) \rightarrow Hg^0(ad)$、$Hg^0(ad)+C-[S]-C \rightarrow HgS(ad)+C-[\ ]-C$ 和 $Hg^0(ad)+Co-[S] \rightarrow HgS(ad)+Co-[\ ]$（式中 [S] 代表活性硫）。

结合图 8-22 和表 8-1，对比脱汞前（线 1）和脱汞后（线 3：SO_2）各元素的变化。与 N_2+O_2（线 2）气氛下脱汞相同，S $2p$ 的 XPS 中 C-S-C 和 Co-S 的含量稍有下降，因此也有反应 $Hg^0(g) \rightarrow Hg^0(ad)$、$Hg^0(ad)+C-[S]-C \rightarrow HgS(ad)+C-[\ ]-C$ 和 $Hg^0(ad)+Co-[S] \rightarrow HgS(ad)+Co-[\ ]$ 的发生，说明该化学吸附反应过程为必定存在的反应路径。另外，S $2p$ 的 XPS 中 SO_4^{2-} 的相对含量增多，O $1s$ 的 XPS 中晶格氧和 C-O 的峰有偏移的趋势且含量减少，Co $2p$ 的 XPS 中 Co^{3+} 的含量

稍有减少，Co^{2+} 的含量稍有增多；结合 SO_2 的存在推测可能发生的反应为：SO_2 (g) $\rightarrow SO_2$ (ad)、$2[O]^- + SO_2$ (ad) $\rightarrow [SO_4]^{2-}$ 和 $Co^{3+} + [SO_4]^{2-} + 2Hg^0$ (ad) $\rightarrow Co^{2+} + Hg_2SO_4$ （式中 $[O]^-$ 为晶格氧和 C-O 中部分带电荷的活性氧，$[SO_4]^{2-}$ 为生成的活性的 SO_4^{2-}）。因此在之前的无氯脱汞实验中（见图 8-10），$N_2 + SO_2$ 条件下的脱汞效率稍有提高。

结合图 8-22 和表 8-1，对比脱汞前（线 1）和脱汞后（线 4，O_2-SO_2）各元素的变化，O $1s$ 的 XPS 中晶格氧和 C—O 的峰消失，出现 SO_4^{2-} 的峰（含量为 25.33%）；N $1s$ 的 XPS 中吡咯 N 和吡啶 N 的峰发生偏移，总的相对含量减少，同时也出现了氧化 N 的峰（含量为 0.25%）；S $2p$ 的 XPS 中 C-S-C 和 Co-S 的相对含量下降，SO_4^{2-} 的相对含量增多，Co $2p$ 的 XPS 中 Co^{3+} 和 Co^{2+} 的峰发生偏移，但是含量保持不变；因此，在 O_2-SO_2 气氛条件下发生的反应过程应该综合 O_2（线 2）和 SO_2（线 3）两种气氛条件下脱汞的所有反应，具体如图 8-23 所示包括化学吸附和催化过程。

（1）化学吸附：

$$Hg(g) \longrightarrow Hg(ad) \tag{8-7}$$

$$Hg(ad) + C\text{-}[S] \longrightarrow HgS(ad) + C\text{-}[\ ] \tag{8-8}$$

$$Hg(ad) + Co\text{-}[S] \longrightarrow HgS(ad) + Co\text{-}[\ ] \tag{8-9}$$

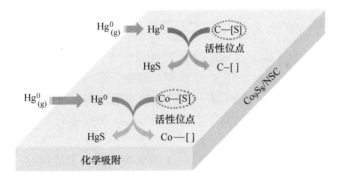

图 8-23　O_2-SO_2 气氛下化学吸附脱汞过程示意图

（2）催化脱汞（Langmuir-Hinshelwood 机理）：

$$O_2(g) \longrightarrow O_2(ad) \tag{8-10}$$

$$2N\text{-}[\ ] + O_2(ad) \longrightarrow 2N\text{-}[O] \tag{8-11}$$

$$Co^{2+} + N\text{-}[O] \longrightarrow Co^{3+} + N\text{-}[\ ] + [O]^- \tag{8-12}$$

$$SO_2(g) \longrightarrow SO_2(ad) \tag{8-13}$$

$$[O]^- + SO_2(ad) \longrightarrow [SO_4]^{2-} \tag{8-14}$$

$$Co^{3+} + [SO_4]^{2-} + 2Hg^0(ad) \longrightarrow Co^{2+} + Hg_2SO_4 \tag{8-15}$$

Hg^0吸附在催化剂表面成为$Hg(ad)$，Co_9S_8中的$Co-[S]$和载体掺杂的$S(C-[S])$作为活性位点与$Hg(ad)$发生化学吸附，生成$HgS(\beta-HgS$和$\alpha-HgS)$，该部分具体过程如图8-24所示；另外，由于N的掺杂，促进了O_2的吸附，$O_2(ad)$被$N-[\ ]$活化生成$N-[O]$，Co^{2+}转化为Co^{3+}的过程中，使得$[O]^-$与$SO_2(ad)$反应进而生成$[SO_4]^{2-}$；而$[SO_4]^{2-}$在氧化$Hg(ad)$的过程中，使得Co^{3+}转化为Co^{2+}，同时生成Hg_2SO_4，一部分可能释放到气相中；该部分为催化反应过程，符合Langmuir-Hinshelwood机理。

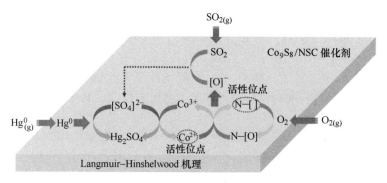

图8-24 O_2-SO_2催化脱汞过程示意图

8.5 本章小结

本章通过探究合成的一系列钴硫化物负载生物质炭催化剂的催化脱汞性能，筛选出最佳催化性能的Co_9S_8/NSC催化剂。考察了温度和烟气组分对Co_9S_8/NSC催化剂脱汞性能的影响，讨论了催化剂的催化稳定性和抗硫性。通过设计实验和HR-SEM、HR-TEM、XPS、TPD等表征分析Co_9S_8/NSC催化剂对Hg^0的催化脱除机理，得到以下结论：

（1）浸渍焙烧法合成的一系列钴硫化物负载生物质炭催化剂，在150℃、N_2和6%+0.001%HCl气氛下进行吸附及催化脱汞性能探究，发现催化剂的吸附脱汞性能可以忽略，而Co_9S_8/NSC催化剂具有100%催化脱汞效率，同时排除了生物质炭载体的影响，因此筛选出Co_9S_8/NSC催化剂作为本次研究的对象。

（2）多种表征技术分析研究发现Co_9S_8/NSC催化剂中Co_9S_8均匀分散在生物质炭载体上，具有巨大的比表面积（293.89m^2/g），利于烟气与活性位点充分接触，是催化剂活性高的原因之一；另外发现氮和硫成功掺杂到Co_9S_8/NSC催化剂的载体碳架上成为催化活性位点。

（3）系统研究烟气组分对Co_9S_8/NSC催化剂催化脱汞性能的影响发现：O_2的存在是催化剂脱除Hg^0的关键；催化剂在低浓度HCl（2×10^{-4}%）条件下的脱汞效率高达100%，最为突出的是能够实现无氯高效脱汞（100%）。催化剂对于

NO、NH_3、高浓度的 SO_2 和 H_2O 都具有很好的抗性。另外，考察温度对 Co_9S_8/NSC 催化剂催化脱汞性能的影响发现在 SFG 条件下，Co_9S_8/NSC 催化剂具有宽阔的高效脱汞温度窗口，从低温到高温（50～350℃）都具有优异的脱汞性能。因此，Co_9S_8/NSC 催化剂实现了对 Hg^0 的选择性催化氧化脱除，适用于各种复杂含氧烟气条件下高效脱汞。

（4）研究表明 Co_9S_8/NSC 催化剂在 HCl 和 SO_2 两种气氛条件下高效稳定脱汞时，其气态汞产物氧化率随脱汞时间的增加而升高，从而确定脱汞产物包括气态和吸附态两种汞产物。对比表征和实验结果推断 HCl 气氛条件下的脱汞反应过程符合化学吸附和 Eley-Rideal 机理，脱汞产物为吸附态的 HgS、$HgCl_2$ 和气态 $HgCl_2$；而 SO_2 气氛条件下的脱汞反应过程符合化学吸附和 Langmuir-Hinshelwood 机理，吸附态的脱汞产物为 β-HgS、α-HgS 和 Hg_2SO_4，气态产物可能是 Hg_2SO_4。

参 考 文 献

[1] Hoodless R C, Moyes R B, Wells P B. D-tracer study of butadiene hydrogenation and tetrahydro-thiophen hydrodesulphurisation catalysed by Co_9S_8 [J]. Catalysis Today, 2006, 114（4）: 377~382.

[2] Apostolova R D, Shembe, et al. Study of electrolytic cobalt sulfide Co_9S_8 as an electrode material in lithium accumulator prototypes [J]. Russian Journal of Electrochemistry, 2009, 45（3）: 311~319.

[3] Hua Y, Jiang T, Wang K, et al. Efficient Pt-free electrocatalyst for oxygen reduction reaction: Highly ordered mesoporous N and S co-doped carbon with saccharin as single-source molecular precursor [J]. Applied Catalysis B Environmental, 2016, 194: 202~208.

[4] Jiang T W Y, Wang K, et al. A novel sulfur-nitrogen dual doped ordered mesoporous carbon electrocatalyst for efficient oxygen reduction reaction [J]. Applied Catalysis B Environmental, 2016, 189: 1~11.

[5] Aliotta C, Liotta L F, Parola V L, et al. Ceria-based electrolytes prepared by solution combustion synthesis: The role of fuel on the materials properties [J]. Applied Catalysis B Environmental, 2016, 197: 14~22.

[6] Liu T. CoO nanoparticles embedded in three-dimensional nitrogen/sulfur co-doped carbon nanofiber networks as a bifunctional catalyst for oxygen reduction/evolution reactions [J]. Carbon, 2016, 106: 84~92.

[7] Yan W, Cao X, Tian J, et al. Nitrogen/sulfur dual-doped 3D reduced graphene oxide networks-supported $CoFe_2O_4$ with enhanced electrocatalytic activities for oxygen reduction and evolution reactions [J]. Carbon, 2016, 99: 195~202.

[8] Yang M, Liu Y, Chen H, et al. Porous N-doped carbon prepared from triazine-based

polypyrrole network: A highly efficient metal-free catalyst for oxygen reduction reaction in alkaline electrolytes [J]. Acs Applied Materials & Interfaces, 2016, 8 (42): 28615~28623.

[9] Rumayor M, D Az-Somoano M, L Pez-Ant N M A, et al. Temperature programmed desorption as a tool for the identification of mercury fate in wet-desulphurization systems [J]. Fuel, 2015, 148: 98~103.

[10] Uddin M A, Ozaki M, Sasaoka E, et al. Temperature-programmed decomposition desorption of mercury species over activated carbon sorbents for mercury removal from coal-derived fuel gas [J]. Fuel, 2009, 23 (23): 3610~3615.